U0159476

总主编◎楼宇烈

羊皮卷珍藏版

中华优秀传统文化经典丛书

茶 录

（北宋）蔡襄 著◎刘峰 译注

台海出版社

图书在版编目（CIP）数据

茶录 /（北宋）蔡襄著；刘峰译注. -- 北京：台海出版社，2023.12
（中华优秀传统文化经典丛书 / 楼宇烈总主编）
ISBN 978-7-5168-3743-6

Ⅰ. ①茶… Ⅱ. ①蔡… ②刘… Ⅲ. ①茶文化—中国—古代 Ⅳ. ①TS971.21

中国国家版本馆CIP数据核字(2023)第226081号

茶录

著　者：（北宋）蔡　襄　　译　注：刘　峰

出 版 人：蔡　旭　　责任编辑：俞滟荣
策　划：善品堂藏書　　文字编辑：刘　静

出版发行：台海出版社
地　址：北京市东城区景山东街20号　　邮政编码：100009
电　话：010-64041652（发行，邮购）
传　真：010-84045799（总编室）
网　址：www.taimeng.org.cn/thcbs/default.htm
E - mail：thcbs@126.com

经　销：全国各地新华书店
印　刷：唐山玺鸣印务有限公司
本书如有破损、缺页、装订错误，请与本社联系调换

开　本：889毫米×1194毫米　　1/32
字　数：192千字　　印　张：10
版　次：2023年12月第1版　　印　次：2023年12月第1次印刷
书　号：ISBN 978-7-5168-3743-6

定　价：86.00元

出版缘起

文化是一个国家、一个民族的灵魂。泱泱华夏，五千年文明历史所孕育的中华优秀传统文化，是中华民族生生不息、发展壮大的丰厚土壤。

党的十八大以来，以习近平同志为核心的党中央高度重视中华优秀传统文化的传承与发展。2013 年 11 月 26 日，习近平总书记在山东曲阜考察时强调，要大力弘扬中华优秀传统文化。2022 年 6 月 8 日，习近平总书记在四川眉山三苏祠考察时指出："要善于从中华优秀传统文化中汲取治国理政的理念和思维。" 2017 年 1 月，中共中央办公厅、国务院办公厅印发《关于实施中华优秀传统文化传承发展工程的意见》，系统部署传承发展中华优秀传统文化的战略任务，把传承中华优秀传统文化提升到新的历史高度。2022 年 4 月，中共中央办公厅、国务院办公厅印发《关于推进新时代古籍工作的意见》，明确指出，要完善古籍工作体系、提升古籍工作质量，“挖掘古籍时代价值”，“促进古籍有效利用”，“做好古籍普及传播”。

中华传统文化是中华民族的“根”与“魂”。文化兴则国家兴，文化强则民族强。没有高度的文化自信，没有文化的繁荣兴盛，就没有中华民族的伟大复兴。党的十九届六中全会强调，要“推动中华优秀传统文化创造性转化、创新性发展”。为适应全民阅读、共读经典的时代需求，我们组织出版《中华优秀传统文化经典丛书》，以展示古籍研究领域的成果，推广、普及中华优秀传统文化经典，传承、弘扬中华优秀传统文化，提振当代中国人的文化自信。

激活经典，熔古铸今。丛书精选中华优秀传统文化经典，既选取广为人知的历史沉淀下来的传世经典，也增选极具价值但多部大型丛书未曾选入的珍稀出土文献（如诸多竹简、帛书典籍），充分展示中华传统文化的历史脉络与宏富多元。丛书由众多学识渊博的专家学者担任编委，遴选各领域杰出研究者与传承人担任解读（或译注）作者，切实保证作品品质。

丛书定位为中华优秀传统文化经典普及读物，力求能让广大读者亲近经典、阅读经典，充分领略和感受中华优秀传统文化的魅力，并从中获益。为此，解读者（或译注者）以当代价值需求为切入点解读古代典籍，全方位解决古文存在的难读难解、难以亲近的问题，让中华优秀传统文化贴近现实生活，走进人们的心中，最大限度地发挥以文化人的作用。

“问渠那得清如许？为有源头活水来。”博大精深的中华文化源远流长，五千年文脉绵延不绝，中华优秀传统文化是中华儿女奋发图强、继往开来、实现民族伟大复兴的强大精神来源。“洒扫应对，莫非学问。”读者诸君若能常读经典、读好经典，真正把传统文化的精义、真髓切实融入生活和工作，那各位的知与行也一定能让生活充满希望，让工作点亮未来，让国家昌盛，让世界更美好！

丛书编委会

2022年6月9日

导　论

谨以此书，献给全世界喝茶的民族！

经典，是文化的精髓，亦是学术的精华。崇尚经典的古圣先贤，其重要著作多以“经”“录”等命名。故道家有《道德经》，儒家有“四书五经”、《传习录》等，茶学家也有《茶经》《茶录》。经、录者何也？典范之书、专门化的经艺之作也。中国经学也特别发达，但凡经典的诠释统称为“经学”。各种经典，如百花齐放、姹紫嫣红，构成中国经学的历史奇观，使中华优秀传统文化得以相续相禅、薪火相传。

茶，起源于中国，盛行于世界。

中国人，莫不饮茶，古代言茶者，莫精于陆羽。

自唐以降，陆羽横空出世，茶始有字，茶始边销，茶始作书，茶始征税，茶叶税逐步演进为一种重要的国家税收来源。《茶经》自中唐问世，距今已有一千二百多年历史，此书一出，名满天下，陆羽也被后世尊崇为“茶圣”。所著《茶经》是中国第一部系统地总结唐代及唐代以前有关茶事的综合性茶学著作，亦是中国乃至世界上的茶书之源，亦是陆羽对人类文明进步的卓越贡献。

时光追溯到千年之前，继陆羽之后，另一位在茶文化发展历史上有重要影响的茶学家以开明、革新的姿态进入了中华茶史，而奠定他在茶史地位的《茶录》一书，于公元 1052 年问世。他就是宋代名臣——蔡襄，北宋著名的政治家、文学家、书法家，而且也是杰出的茶学家。他为官清正，以民为本，积极发展当地经济，造福一方，为福建茶产业的兴起及宋代茶文化的传播做出了突出贡献。在任福建转运使期间，有感于陆羽《茶经》“不第建安之品”而特地向当时的仁宗皇帝推荐北苑贡茶，由此而著《茶录》，是继陆羽《茶经》之后又一部奠基性的茶学专著，在中国茶文化发展史上具有重要地位。

蔡襄《茶录》全书分为上下两篇，上篇论茶，论茶汤品质和烹饮方法，提出茶色、香、味俱佳，分色、香、味、藏茶、炙茶、碾茶、罗茶、候汤、熁盏、点茶十目，主要论述茶汤品质和烹饮技法。下篇论器，论茶器的功能及其使用方法，分茶焙、茶笼、砧椎、茶钤、茶碾、茶罗、茶盏、茶匙、汤瓶九目，是对北宋风行的“斗茶”（又称“茗战”）文化的总结和规范。

中国茶文化兴盛于唐宋时期，陆羽《茶经》反映了唐代在茶叶采摘、制作及烹煮、饮用等方面所积累的丰富经验，表明当时茶叶生产已经比较发达，饮茶之风盛行，承前启后，将茶的自然属性与“精行俭德”的人文精神融为一体，续写中国茶文化之辉煌，而蔡襄《茶录》则是在陆羽《茶经》基础上进行了发展和完善，蔡襄所生活的时代是中国茶文化发展的黄金时代，名家辈出，文人墨客纷纷为茶著述，各类茶书、茶诗词及茶文学作品大量涌现，《茶录》一书系统地总结了当时盛行的茶叶采制和饮用经验，全面论述和传播了茶叶科学知识，促进了当时福建茶叶生产的发展，蔡襄《茶录》无疑是那个时代中国乃至世界最完备的茶书之一，对后世产生了深远影响。

陆羽通过《茶经》开启了茶文化发展的全新时代，为中国茶文化发展做出了卓越贡献，而蔡襄《茶录》则是弥补了陆羽《茶经》内容方面的不足，在中国茶文化发展史上占据重要地位。唐宋以前，茶叶的用途多在药用，仅少数地区以茶做饮料。自陆羽和蔡襄之后，茶叶才成为中国民间的主要饮料，兴盛于唐宋，上至宫廷贵族，下至草野民间，饮茶之风普及于大江南北，饮茶品茗遂成为流传至今的雅生活方式。

自唐代陆羽著《茶经》、宋代蔡襄著《茶录》之后，茶学专著如雨后春笋般陆续问世，进一步推动了中国茶事生活的发展，其中的代表作品有宋徽宗赵佶所著《大观茶论》，宋代熊蕃著《宣和北苑贡茶录》，宋代赵汝砺的《北苑别录》，元代杨维桢的《煮茶梦记》，明代钱椿年撰、顾元庆校的《茶谱》，张源的《茶录》，清代刘源长的《茶史》，等等。

蔡襄详细搜集了历代茶叶史料和文献资料，通过亲身实践和调查，写就这部传世佳作《茶录》，对宋代茶文化的发展起到积极的推动作用。《茶录》原文虽不足千言，但对后世影响甚为深远，本书作为《茶录》的译注本，在尊重原作经典基础上，包含原文、注译、译文及相关丰富的附录内容，逐句翻译，字字落实，文从句意，注释详尽、不仅阐明词义，同时收录了大量与宋代茶文化相关的历史和典故，辅以精美的书法插图和图注，使本书具有时代感，雅俗共赏，以飨读者，嘉惠茶林。

本书是目前国内第一部羊皮卷珍藏版蔡襄《茶录》，

由国学泰斗、北京大学楼宇烈教授担任主编，在总结历代先贤注译基础上，系统呈现蔡襄茶学思想的精华，潜心钻研十年，参考古今多种版本，力求直达《茶录》思想内核，由笔者在担任世博会“中华茶文化全球推广大使”期间为适应中国茶文化向海外传播推广之需要而作。希冀将《茶录》精髓原原本本地呈现给读者，使之可以跨越时空的距离，继续与人们做心灵的对话，深刻领悟蔡襄茶学思想精髓，给后世茶人以睿智的启示。

从喝茶到懂茶——一本书的距离。本书学术性、文化性、实用性兼备，雅俗共赏，全新精校、白话译文、附录评述，轻松品鉴古代茶具，融入品茶场景，是人人能读懂的茶学经典著作，可以让读者窥见茶文化贯通古今的历史传承，让茶文化能够更加接地气。旨在打通蔡襄茶学思想与当代中国茶文化之间的链接，努力探索蔡襄“清正廉明”的思辨心路，从中发现蔡襄思想与中国茶道精神的相互作用及其对后世茶道哲学理论形成的影响，宋代茶文化影响深远，其间融合了中国传统文化精髓，它所包含的心理意境、审美情趣、道德情操、价值取向长期以来影响着无数饮茶人的日常生活行为，是世界文明一道独特而神奇的风景线，已然成为中国茶文化的灵魂。中华茶文化走向世界，对于打造人类命运共同体，意义深远。

本书增补大量内容，收录了蔡襄相关的文化典籍、蔡襄小楷《茶录》（宋拓治平元年刻本），以及蔡襄的《暑热帖》《思咏帖》等尺牍墨迹若干。同时还有与茶相关的诗词歌赋、文献资料，极大丰富了本书的内容，增强了本书的可读性与实践意义，旨在通过追溯宋代清雅极简的生活美学，重塑今人的诗意雅趣。以蔡襄《茶录》之名，对中国茶文化展开细致而宏伟的探讨，彰显蔡襄及《茶录》对中国茶文化的深远影响，为国人日益高涨的健康、高雅的生活需求指点迷津，传承经典，引领潮流。

刘　峰

于北京·中国茶美学会客厅

2023 年 9 月 28 日

目　录

第一章　蔡襄生平及《茶录》写作缘起

第一节　蔡襄生平及人生经历

蔡襄（1012—1067），字君谟，生于兴化仙游（今福建仙游）枫亭驿，北宋著名的政治家、书法家、茶学家、科学家。十九岁高中进士，为端明殿学士，历任西京留守推官、馆阁校勘、秘书丞、拜三司使，知泉州、福州、开封和杭州府事。蔡襄为人忠厚、正直，且学识渊博，书艺高深，书法史上论及宋代书法，素有“苏、黄、米、蔡”四大家之说，蔡襄书法以其浑厚端庄，自成一体，留有《茶录》《荔枝谱》等传世佳作，倡建泉州洛阳桥，泽被一方。他在福建转运使任上，负责监制北苑贡茶，亲制“小龙团”使建茶誉满天下，所著《茶录》一书是继陆羽《茶经》之后，中国茶文化发展史上最有影响的茶学专著之一，也是中国传统茶艺形成的重要标志，对后世中国茶文化产生了深远影响。

蔡襄过世百年之后，宋孝宗皇帝感其功绩而亲笔御书追谥“忠惠”，顾名思义就是“忠国惠民”，这是对蔡襄一生历史贡献的充分肯定。蔡襄一生为国尽忠，为民尽心，鞠躬尽瘁，其功绩为历代名人史家所颂扬。

一、少年立志，登科进士

蔡襄于宋真宗大中祥符五年（1012）出生于兴化仙游枫亭驿（位于今福建莆田市仙游县）。

蔡襄生长在儒家伦理道德教育浓厚的家庭中，母亲的言传身教为蔡襄树立了学习的榜样。少年时，蔡襄便受到仙游县尉凌景阳的赏识和栽培，在塔斗山会元书院读书时，曾咏松言志，可见其志向高远。十八岁的蔡襄就携弟蔡高徒步西上，进京赶考，并夺得开封府乡试第一名。第二年春，蔡襄参加会试，登王拱辰榜甲科第十名，从此步入仕途。

二、初入宦途，名动京师

蔡襄在入仕之初，就因京城当时的“吕范风波”，故作《四贤一不肖》诗而名震京师，诗中赞扬范仲淹、余靖、尹洙、欧阳修等人忧国忧民的精神和学识渊博的治国才能，歌颂他们敢为天下先的高尚品格，批判高若讷作为谏官不主持公道、落井下石的事实。此诗在京城内外广为流传，一时“洛阳纸贵”，更有甚者，辽国使者看到此诗，也买回去贴在幽州馆，蔡襄从此名震天下。

三、入京知谏，忠直敢言

入仕后，蔡襄先后向朝廷上书了《乞戒励安抚使书》

《言增置谏官书》《乞不令中书出谏疏宣示札子》等奏章，系统地提出了自己关于谏诤监察的系列主张，宋仁宗因此补点蔡襄为谏官。蔡襄、王素、余靖、欧阳修四人，合称为京城“四谏”。蔡襄在任职谏官期间，不仅提出了一系列的监察理论，在监察实践上也是不畏权贵，敢于监察，清廉为官。他在监察制度建设方面，积极建言献策，推动了宋代监察制度的变革和发展。

四、庆历新政，举贤任能

庆历三年（1043）春，蔡襄上书《黼扆箴》（fǔ yǐ zhēn），劝上任贤、励精图治，拉开了北宋庆历新政的序幕，史称“庆历名臣”。《黼扆箴》核心内容就是要改革旧体制，建立新政，保证国家长治久安，建立官员考核机制，选贤任能，凭功论赏，淘汰冗员，精简军队，提高战斗力。同时，蔡襄还先后上书《论范仲淹韩琦辞让状》《乞用韩琦范仲淹》《乞罢王举正用范仲淹》等，多次力荐范仲淹为相，领军改革，主张改革择官的旧规，选拔贤能。这一时期，蔡襄还系统地提出了选贤任能的标准“为政之道，莫大于用贤”，廉政的意义在于唯才是举，把贤俊之才选拔到政府内部来，源源不断地补充新生力量，他的主张在一定程度上抵制或减少了当时官场腐败的发生，对社会发展起到积极的推动意义。

五、主政福闽，惠政为民

蔡襄于公元 1045 年第一次知福州，后于两年后改授福建转运使。在这一时期，蔡襄禁巫办医、兴修水利、广植榕树，又创制龙团茶，还在此后把制作“小龙团”茶的心得写进其传世名作《茶录》之中，《茶录》弥补了陆羽《茶经》“不第建安之品”的缺憾，是对当时茶叶生产经验总结的代表性著作，对福建茶产业的发展起到极大的促进作用，亦对宋代的茶文化发展产生了深远影响。蔡襄的思想体现了“夙夜悉心，唯民是忧”的民本思想，提倡施政要顺民心、关注民生、惠政为民，等等。

六、入京开封，精于吏治

公元 1050 年，蔡襄丁父忧，服除，再次赴京任职，先后“复修起居注，判三司盐铁勾院。后迁起居舍人，知制诰，又迁任龙图阁直学士、知开封府”。在这一时期，蔡襄为地方百姓力争“轻徭薄赋”，促进了当地经济的发展；“议改役法”缓和民户的“衙前”差役负担，同时“破奸发隐”，精于吏治，坚持改革。

在蔡襄仕途的这一时期，积极提倡“去邪用正，励精图治”，主张官吏是执掌国家权力的管理集团，是腐败易发常发之处，故治吏乃是廉政的重要内涵，治国者须先治吏，是他吏治思想的核心内容，对后世产生了深远影响。

七、再知泉福，政绩卓著

宋至和二年（1055）六月，蔡襄回闽赴泉州任，后又知福州和泉州，撰《福州五戒文》，破除陋俗，立《戒山头斋会碑》，重视教育、移风易俗，禁止山头丧葬、庙中大办宴席的恶俗，以百姓免因丧而致贫，后又作《教民十六事》，为地方百姓营造贪耻廉荣的社会生态。

同时，蔡襄还撰写了世界第一部荔枝栽培学专著——《荔枝谱》，这不仅是一部传承千年的科学著作，亦是蔡襄书法精品中的佳作，促进了福建荔枝的生产，大大提高了当地荔枝的知名度。

另一重要的功绩是主持建造了中国现存年代最早的跨海式桥梁——洛阳桥（又称万安桥），仁宗皇佑五年（1053），郡人卢锡等集资筹建洛阳桥，未果。嘉祐三年（1058）六月，蔡襄莅职以后，鼎力主持此项工程。他率先垂范，把自家仅有的二百石埭田捐出一百六十石，以此激发了当地百姓捐资助建热潮，解决了建桥资金困难问题；同时深入民间，集思广益，创新了“筏型基础”“种蛎固基”和“浮运架梁”等施工办法，使桥梁

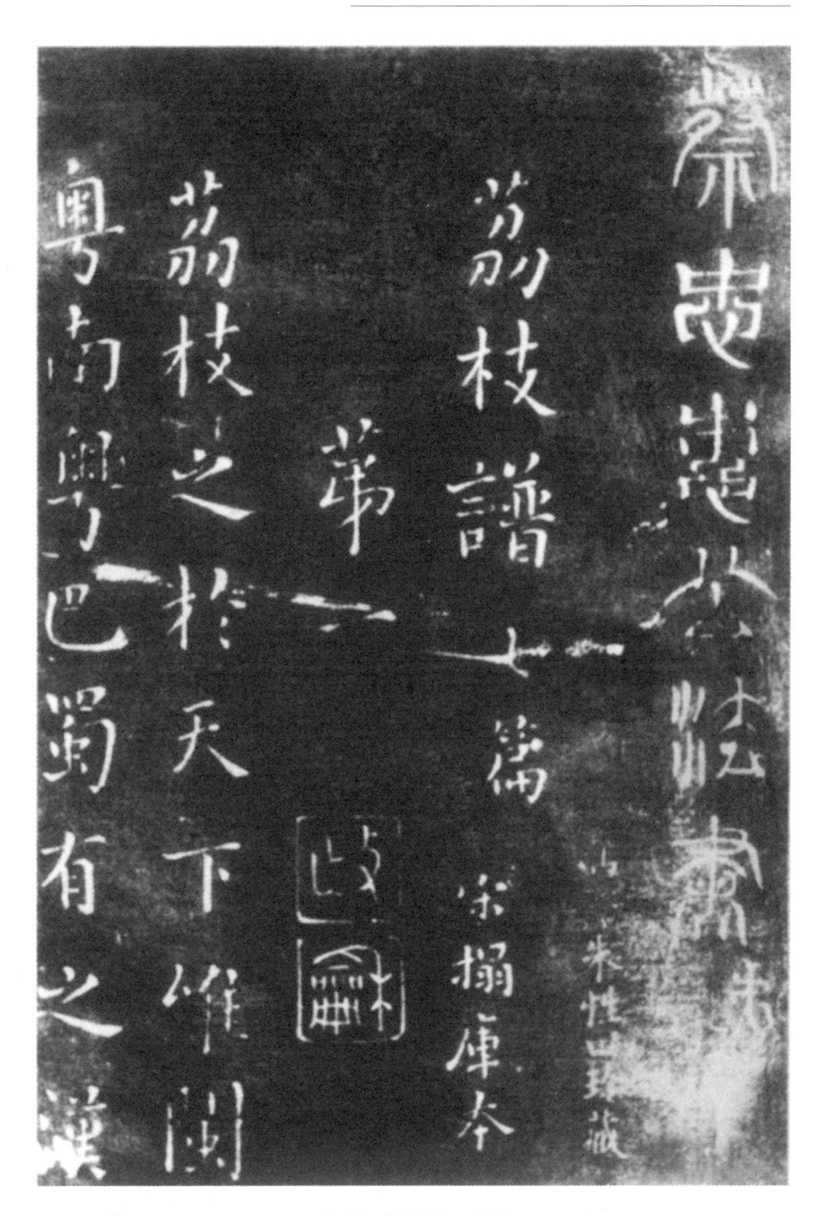

蔡襄《荔枝谱》

建设得以顺利进行，至嘉祐四年（1059）落成。至此蔡襄特作《万安桥碑记》，记录了建桥时间和规模及参与建桥的组织者，由此也体现出其淡泊名利的高贵品质。该桥的建成方便了群众的出行，促进了当地的经济发展，至今依然发挥着重要作用，进而使蔡襄名垂青史，而该碑记作品也成为“千古一绝”。现代桥梁专家茅以升给洛阳桥的建筑以很高的评价：“洛阳桥的这种基础，就是近代桥梁的筏形基础，但在国外只有不到一百年的历史。所用桥梁的浮动法，时至今日仍很通行。”

泉州萬安渡石橋始造於皇祐五
年四月庚寅以嘉祐四年十二月
辛未訖功絫趾于淵釃水爲四十
七道梁空以行其長三千六百尺
廣丈有五尺翼以扶欄如其長之
數而兩之靡金錢一千四百萬求
諸施者渡實支海去舟而徒易危
而安民莫不利職其事盧錫王寔
許忠浮圖義波宗善等十有五人
既成太守莆陽蔡襄爲之合樂讌
飲而落之明年秋蒙 召還
京道繇是出因紀所作勒于岸左

蔡襄《万安桥碑记》

八、三入京师，清正廉节

宋嘉祐六年（1061），蔡襄再三推辞京职，要求知闽或杭，未获批准后，终于赴京陛见，仁宗授他翰林学士权三司使，此时蔡襄年五十岁。宋代三司总管盐铁、度支、户部，又称计省，在朝廷位置仅次于中书和枢密，总理国家财政。蔡襄任权三司使到嘉祐八年，英宗又迁他给事中，拜三司使，到治平二年去职知杭州，总管朝廷财政四年，欧阳修《蔡襄墓志铭》中说他“较天下盈虚出入，量力以制用，必使下完而上给。”任职期间，蔡襄还规谏皇帝，实行德礼法兼治，提议其在道德上为天下人做出表率，建议仁宗要“肃治家政”“以表天下”。蔡襄继承了儒家治国的思想，主张德治与礼法不可偏废，其廉政意义在于通过提高官吏的道德修养，强化勤俭节约意识，通过实施礼法治吏，促其不敢贪腐。

九、丁忧家乡，千古流芳

治平三年（1066），母亲卢氏去世，蔡襄护丧南归。治平四年（1067）八月，蔡襄在仙游枫亭卧牛山居所逝世，享年五十六岁。朝廷追赠吏部侍郎，后加赠少师，卒葬于枫亭铺头村蔡岭。

南宋淳熙三年（1176）五月，朝廷破例为蔡襄议谥，蔡襄是北宋仁宗时的名臣，因其“廉公方正，遗爱在民”，朝廷谥蔡襄“忠惠”两字，后世遂常称蔡襄为“蔡忠惠公”。宋代大儒朱熹评价道：“前无贬词，后无异议，芳名不朽，万古受知。”

蔡襄逝世已近千年，但他崇高的道德品质和清正廉明的政治风范，他卓越的政治业绩和丰硕的书法文章，以及传世名作《茶录》《荔枝谱》等，被历代士人所敬仰、传承。

第二节　蔡襄茶学论著概览

蔡襄于公元1047年开始担任福建转运使，赴建州监制北苑贡茶，对于茶学研究有所心得。结合经验与研究，他有茶书籍、茶诗文、茶书法多篇传世。

一、著书《茶录》

因“陆羽《茶经》不第建安之品，丁谓《茶图》独论采造之本，至于烹试，曾未有闻”，故蔡襄在皇祐三年（1051）撰写《茶录》，并重书于治平元年（1064），分为《论茶》《论茶器》两篇。《论茶》分为色、香、味、藏茶、炙茶、碾茶、罗茶、候汤、熁盏、点茶十条；《论茶器》分为茶焙、茶笼、砧椎、茶钤、茶碾、茶罗、茶盏、茶匙、汤瓶九条。《茶录》是现存宋代最早的、完整的茶叶与茶文化论著，对宋代乃至中国茶的发展具有重要影响。

二、茶诗《北苑十咏》及其他

蔡襄诗文“清遒粹美，奥壮浑古，深厚简练”。《四库全书总目提要》曰：“襄于仁宗朝危言谠论，持正不挠，一时号为名臣。不但以书法名世，其诗文亦光明磊落，如其为人。”《北苑十咏》是蔡襄北苑茶诗中的代表作，作于庆历七年（1047）任福建转运使期间，记述了北苑路上的景色，虽居官署之中，却超凡脱俗。

出东门向北苑路

晓行东城隅，光华著诸物。
溪涨浪花生，山晴鸟声出。
稍稍见人烟，川原正苍郁。

北苑

苍山走千里，斗落分两臂。
灵泉出地清，嘉卉得天味。
入门脱世氛，官曹真傲吏。

茶垄

造化曾无私，亦有意所加。
夜雨作春力，朝云护日华。
千万碧玉枝，戢戢抽灵芽。

采茶

春衫逐红旗，散入青林下。

阴崖喜先至，新苗渐盈把。

竟携筠笼归，更带山云写。

造茶

屑玉寸阴间，抟金新范里。

规呈月正圆，势动龙初起。

焙出香色全，争夸火候是。

试茶

兔毫紫瓯新，蟹眼青泉煮。

雪冻作成花，云闲未垂缕。

愿尔池中波，去作人间雨。

御井

山好水亦珍，清切甘如醴。

朱干待方空，玉壁见深底。

勿为先渴忧，严扃有时启。

龙塘

泉水循除明，中坻龙矫首。

振足化仙陂，回晴窥画牖。

应当岁时旱，嘘吸云雷走。

凤池

灵禽不世下，刻像成羽翼。

但愿醴泉饮，岂复高梧息。

似有飞鸣心，六合定何适。

修贡亭

清晨挂朝衣，盥手署新茗。

腾虬守金钥，疾骑穿云岭。

修贡贵谨严，作诗谕远永。

茶垄，即茶园，茶芽茂盛，“千万碧玉枝，戢戢抽灵芽”。苏轼《种茶》有“能忘流转苦，戢戢出鸟咮”句。采茶更是一片欣喜，类似范仲淹笔下的“家家嬉笑穿云去”。造茶出新，“是年改造新茶十斤，尤极精好，被旨号为上品龙茶，仍岁贡之”。较之龙凤茶，龙凤茶八片为一斤，上品龙茶每斤二十八片。造罢，试新茶，煮水，用兔毫紫盏点茶，“雪冻作成花，云闲未垂缕”。诗歌又描写了御井甘美的泉水、北苑附近的龙塘、凤凰山的玉泉、龙山的御茶亭，以“修贡贵谨严，作诗谕远永”结句，道出此组诗之真意。

十詠詩帖

北苑十詠

貞觀

宣和

出東門向北苑路

曉行東城隅光華著諸物溪漲

浪花生山晴鳥聲出稍稍見人煙

川原正蒼鬱

北苑

蒼山走千里斗落分兩臂靈泉出
地清嘉卉得天味入門脫世氛官
曹真傲吏
茶壠
造化曾無私亦有意所加夜雨作
春力朝雲護日華千萬碧玉枝

戢戢抽靈芽

採茶

春衫逐紅旗散入青林下陰崖
喜先至新苗漸盈把競攜筠籠
歸更帶山雲寫

造茶　其年改作新茶十斤尤甚精好被旨號為上品龍茶仍歲貢之

屑玉寸陰間，摶金新範裏。（龍鳳茶八片為一斤，上品龍茶每斤二十八片）規呈月正圓，勢動龍初起。出焙色香全，爭誇火候是。

試茶

兔毫紫甌新，蟹眼青泉煮。雪凍作成花，雲閑未垂縷。願尔池中波

去作人間雨

御井（井常封鑰甚嚴）

山好水亦珍清切甘如醴朱幹（音韓）

待方空玉璧見深底勿為先渴憂

巖扃有時啓

龍塘

泉水循除明中抵龍觿首振旦化仙陂回晴窺盡牖應當歲時旱嘘吸雲雷走

鳳池

靈禽不世下刻像成羽翼但須醴泉飲豈復高梧息似有飛鳴

心六合定何適

脩貢亭 予自採掇時入山至貢畢

清晨挂朝衣盥手署新茗騰虯

守金鑰疾騎穿雲嶺修貢貴謹

嚴作詩諭遠永

第三节　《茶录》的写作缘起

福建是中国古老的茶区之一，早在周朝，“闽濮族”就曾向虢王贡茶。到了晋太元元年（376），泉州南安留下了“莲花茶襟”之后，福建域内的茶叶发展日趋明朗，茶风鼎盛，冉冉升起。传承千年，时至今日，蔚为中国茶坛一面旗帜。

据唐代陆羽《茶经·八之出》记载：“岭南生福州、建州、诏州、象州（福州生闽方山，山阴县也）。”又记：“其恩、播、费、夷、鄂、袁、吉、福、建、诏、象十一州未说，往往得之，其味极佳。”以上文献说明，直到唐代，福建茶叶限于地域阻隔，交通不便，福建域内的许多情况，外人知之甚少。

唐代，整个福建主要产茶地区有方山、鼓山、冶山、侯官水西、怀安凤岗山、宁德、古田、长溪、武夷山、建瓯、南安、仙游等地，尤以福州鼓山、宁德天山、武夷产茶为最，皆曾作为贡茶，见载于陆羽《茶经》之中。唐天宝七年（748），玄宗皇帝派遣登仕郎颜行之诏封武夷山为“名川大山”，颁令禁止樵伐，而武夷茶作为特产，大抵也在保护之列。闽国龙启元年（933），张廷晖为闽国阁门使，便以所居北苑，“悉输于官，由是始有北苑之名”。

在南唐时期，后主李煜派擅长制茶官员为北苑使至建州指导和监制御用龙凤团茶，为保证御茶质量，创建“北苑龙焙”。

宋太宗开宝八年（975），南唐灭亡，福建的“北苑龙焙”及各地官焙悉归宋朝官家经营。太平兴国二年（977），太宗皇帝为了“取象于龙凤，以别庶饮，由此入贡”，便派遣御茶使到建州，监制“龙凤茶”。所谓“龙凤茶”，就是把茶膏压模定型的模具上刻有龙、凤、花、草图案，使茶饼成型后，饼面上有龙凤图案。由是，北苑贡茶有了新的名字，即“龙凤团茶”。

公元1047年，“庆历名臣”蔡襄任福建转运使期间，他把北苑贡茶发展到新的高度，将前人丁谓创制的“龙凤团茶”改制成了“小龙团”。“小龙团”求质求形，花样翻新，采用鲜嫩的茶芽做原料，并改进了制作工艺，其制作精细，品质优异，一时成为连朝廷皇亲贵族也不可易致的珍稀之物。据欧阳修《归田录》记载：“其品精绝，谓小团，凡二十饼重一斤，其价值金二两，然金可有而茶不可得。”仁宗皇帝龙颜大悦，赞扬此茶为“上品龙茶”，要求“仍岁贡之”。

第二年，蔡襄再进贡一次“上品龙茶”后，就因父丧而回乡服丧。蔡襄服丧礼毕，仁宗皇帝将其调到京师，为右正言同修起居注，并借闲暇时间，经常问蔡襄“上品龙茶”制作情况。有鉴于此，蔡襄基于“屡承天问”与“昔陆羽《茶经》不第建安之品，丁谓《茶图》独论采造之本，至于烹试，曾未有闻”，乃作《茶录》两篇，进呈御览。

不过，仁宗皇帝爱茶，但对茶书却兴趣不大，这本《茶录》竟然留中不发。其间，《茶录》手稿遗失。幸而失而复得，又得新皇英宗御览，这本具有划时代意义的茶学专著才总算昭明于天下、广为流传。

元丰年间（1078—1085），贾青担任福建转运使，有旨造“密云龙”，更精绝于“小龙团”，竟为天下奇观。此后，建茶“名益新，品益出”，建茶之品远出吴会诸茶之上，建之武夷，堪与上品抗衡，但产量稀少。

福建茶叶历经“建茶”的崛起与发展，再加上宋代政府实行榷（què）茶制度（即官府对茶叶实行征税、管制、专卖的措施），使得产茶面积不断扩大，名品迭现。福建茶拥有特殊的地域茶风，创制出了乌龙茶、工夫红茶等新品种，为中国古代茶文化的发展增添了新的色彩。

第四节　《茶录》何以流芳百世

宋代是中国茶文化发展的巅峰时期，与茶相关的文学创作蔚然成风，特别是茶书，其内容创新多样，异彩纷呈。其中，蔡襄《茶录》以烹点、品饮、品鉴为主题，细述建安北苑茶品、茶器及品茶、鉴茶心得等，为宋代艺术化的茶饮奠定了理论基础，这是中国乃至世界茶文化发展史上，继唐代陆羽《茶经》之后又一部具有划时代意义的茶学专著，为后世众多茶书创作奠定了坚实基础，成为研究宋代茶文化的重要基石。

一、蔡襄《茶录》特点

（一）务实、创新、文士精神

宋代是典型的“文人治国”，文人墨客被赋予双重身份，既是政治家，同时也凭借其学识与眼界成为文坛顶流。因此，政治家的务实、文人的创新精神以及雅士精神，共同构成《茶录》的突出特点。

蔡襄在福建为政期间，劝农桑，兴农业。身为福建转运使，他深入茶叶生产一线，精进北苑茶品质以及花色，创造出品质极佳的“小龙团”，并为茶叶著书立说，呈现了一个政治家的务实精神。所著《茶录》一书，虽承袭唐茶文化，却并未因循守旧，而是依据宋代贡茶工艺、评鉴及审美的变化，承前启后，有所创新。

正如《茶录》序中所提："昔陆羽《茶经》，不第建安之品……至于烹试，曾未有闻"，既表明《茶录》的创作目的，又突出蔡襄"补前人不足，论本朝茶事"的独到眼光。唐代以后，中国文化逐渐由大气磅礴转向务实自省，在此环境浸润下，宋代茶文化呈现出风雅内敛的文士精神。蔡襄在"色"这一篇章中，将辨茶与识人相结合，辨茶由表及里，识人察之于内，以茶喻人，遵循天道与物性相合一的思想，是风雅内敛的体现；在"香"这一目中，蔡襄盛赞茶之本香，追寻返璞归真，则是当时文士精神的表达和彰显。

（二）简而易明、流程清晰

《茶录》正文分为两卷，上卷《论茶》，下卷《论茶器》，以简洁明了的言语、条理清晰的流程展现宋代茶事烹饮的完整过程，这也是《茶录》的突出特点。

《论茶》包括色、香、味以及藏茶、炙茶、碾茶、罗茶、候汤、熁盏、点茶共十目，根据内容可划分为三部分：一是茶叶品质评鉴；二是茶叶储藏；三是宋代饮茶的流程和步骤。内容丰富，言简意赅。

《论茶》以"茶色贵白、茶有真香、茶味主于甘滑"

开篇，说明了宋代茶叶评鉴标准，后续几目则详尽介绍宋代点茶具体流程，即炙烤茶饼，烤后碾碎，罗茶筛末，结尾“点茶”一目只用一句“以水痕先者为负，耐久者为胜”便概括了斗茶的胜负标准，言简意赅。

《论茶器》分为茶焙、茶笼、砧椎、茶钤、茶碾、茶罗、茶盏、茶匙、汤瓶九目。蔡襄凭借出色的文采，仅用常见词汇便将这些器具功用跃然纸上。

在书中，蔡襄将茶作为烹饮流程的主体，从茶叶品质及饮茶方式两方面展开论述。《论茶》与《论茶器》的内容一一对应，不足千言便清晰呈现宋代点茶的完整流程，足见其文笔功底和《茶录》的简易风格。

（三）填补了闽茶理论空白

蔡襄在《茶录》“前序”中指出：“昔陆羽《茶经》不第建安之品，丁谓《茶图》独论采造之本。至于烹试，曾未有闻。”很显然，蔡襄广闻博识，在亲身经历了生动鲜活的建安茶事之后，他觉得唐代陆羽的《茶经》没有记载福建茶事有些缺憾，丁谓在《茶图》中只谈北苑茶叶的采造等技术问题，却不谈品饮方法，不够完备。因此，他专门写下《茶录》一书，以便弥补陆羽《茶经》、丁谓《茶图》的不足。它在一定程度上反映了宋代对茶品质之评价标准日趋严格，煮茶流程日趋完备和精细，同时，深刻影响了福建地区制茶及饮茶之风，促进了福建乃至当时中国茶产业的蓬勃发展。

（四）将宋代点茶艺术提升到美学高度

宋代流行点茶，这是宋人斗茶所用的方法，茶人自己饮用亦用此法。点茶是将茶碾成细末，置茶盏中，以沸水点冲，先注入少量沸水调膏，继之量茶注汤，边注边用茶筅击拂。其步骤烦琐，对器具、环境、用水、用火等要求较高。蔡襄正是在这种背景下，撰写《茶录》，阶段性总结了宋代点茶技艺。通过《茶录》一书，后人得以了解宋代点茶艺术的诸多信息。在点茶法程序方面，为备器→择水→取火→候汤→熁盏→洗茶→炙茶→碾罗→点茶→品茶，其中，器具、熁盏、洗茶、点茶已经与唐代煎茶法截然不同，逐步演进而成宋代点茶法的独有特色。

由于蔡襄在《茶录》中系统地总结了宋代点茶艺术的发展历程，这为后来宋徽宗赵佶撰写《大观茶论》提供了重要参考依据。据蔡襄《茶录》记载，点茶时，先将饼茶烤炙，再敲碎碾成细末，用茶罗将茶末筛细，水和火皆要求合适，茶盏要温热，然后进行点茶操作，“钞茶一钱匕，先注汤，调令极匀，又添注入，环回击拂。汤上盏，可四分则止，视其面色鲜白、著盏无水痕为绝佳”。后来，宋徽宗《大观茶论》中对点茶技艺的描写更加具体、细致和严格，要求“碾必力而速，不欲久。恐铁害色”，茶罗要“细而面紧”，将茶粉筛得越细越好，茶盏“底必差深而微宽”等。宋代这两部茶学经典，承前启后，为后人了解宋代茶文化提供了重要参考。

二、蔡襄《茶录》呈现的宋代茶文化生活特征

（一）蔡襄《茶录》呈现的宋代茶文化生活模式

宋代茶文化繁荣发展，其本身的自然属性和文化属性极大丰富了人们的精神生活，促进人与人之间的相互交往，形成宋人追求风雅精致的生活模式。雅俗共赏是宋代茶文化与人民生活融合的反映，上至宫廷贵族，下至草野民间，斗茶风靡一时。统治阶级的大力推崇更使得文人士大夫的参与度空前高涨，并展现在流传至今的一篇篇茶事生活的佳作之中。

蔡襄作为“庆历名臣”，一代茶学大家，他在吸取建安民间饮茶精粹的基础上，注重茶的汤沫和汤色，进一步推动民间斗茶、分茶等习俗的传播。宋代是我国历史上对茶器要求最为精致的朝代。点茶最重要的步骤为调膏：“钞茶一钱匕，先注汤调令极匀，又添注之，环回击拂”，在此过程中，操作一旦有所欠缺，便会出现“云脚散”和“粥面聚”等现象，可见点茶技艺的复杂。此外，

人们也对点茶技艺高超之人十分追捧，甚至称其为“三昧手”。

茶器以有形承载无形，融合多种感官，展现其精致风雅。宋代建盏风靡，其纹饰天成，以色青黑、兔毫纹、鹧鸪斑为美，拥有鹧鸪金盏、紫玉瓯等美称。蔡襄在《茶录》中对此大为称赞，认为建盏色绀黑，对茶色衬托最为明显，故推崇有加。

（二）蔡襄《茶录》呈现的宋代茶文化生活美学取向

生活美学实质是物质发展到一定阶段，人们在实用基础上，更加追求精神的满足与美感体验。而今在现代语境下，多指衣食住行等情况，茶作为食的一部分，既有柴米油盐酱醋茶的烟火气，也有琴棋书画诗酒茶的高雅气。文人士大夫在茶的烹饮品试中，逐渐超越有限物欲羁绊而通达精神世界的无限，从而引导了整个宋茶文化的生活美学风尚。蔡襄《茶录》所呈现的美学在于真，在于自然与人性相合一，从物质升华至形而上的美学。茶的美，源于其色、香、味，源于其本真清甘、淡泊和谐的茶性，人们以茶为媒，表达茶之美，探寻自然本真，从而完善自身精神境界。

茶色之美，在于茶汤。宋代推崇白色，《茶录》“汤色贵白”的结论，引领整个宋代对茶的美学观念；宋徽宗的“结浚霭，结凝雪”，以茵茵雾气、皑皑白雪指代纯白茶汤，超出茶这一物质本身，直连万物自然，将一盏茶中所蕴含的审美艺术挖掘到极致。点茶的过程，便是人与茶这一山川灵气之物相连接，对自然万物的认知逐渐深化直至天人合一的过程。茶香之美，在于无需借助外界香物，便醇香怡人。蔡襄的“衰病万缘皆绝虑，甘香一味未忘情”，将茶香之美超脱生命束缚，融入自身经历与精神境界，更加推崇和静，彰显茶之美学境界。

茶之品味时，入盏馨香四达，让人豁然开朗，苏轼《寄周安孺茶》以“香浓夺兰露”盛赞茶香，兰花常指君子高洁，清幽优雅，但茶香却因其自然本真的特性更胜一筹。

茶味之美，在于甘滑，讲究味醇并富有风骨。清香厚重的美感来源于心理对生理感官的反哺。中国古代文人推崇自然，向往淡泊宁静的生活，追求天人合一与道德之上的超脱，这与茶特性相合，茶性质俭，贵清和，故饮茶可以弃浊，修身。茶道一事，并非巧夺天工之事，自然而然，随性之事，可得茶真味，“澹然无极，而众美从之”。茶在宋代不再是单纯的生活饮品，它已成为自然与人性相连的文化载体，活跃于历史之间，成为美的象征。这也逐渐成为历代茶人神之向往的境界。

第二章　蔡襄《茶录》译注

《茶录》是蔡襄有感于陆羽《茶经》“不第建安之品”，丁谓《茶图》“独论采造之本”，而特地向宋仁宗推荐北苑贡茶之作。分上、下两篇，主要论述烹试方法和器具，比较集中地反映了宋代品茶的技艺和审美特征。蔡襄所著《茶录》是继陆羽《茶经》之后最有影响的茶学专著之一，也是中国传统茶艺形成的重要标志。自十世纪以降而形成的茶文化，不能不提及《茶录》的文化和科学价值。蔡襄精心制作“小龙团”，上进给皇帝鉴赏，使建茶誉满天下，还凭借他的书法，刻石以传后世，使这一著作“稀世奇珍，永垂不朽”。

《茶录》作于皇祐三年（1051），刻石于治平元年（1064），拓本今存。传世版本十余种。

第一节　《茶录》校注

自　序

朝奉郎右正言同修起居注[1]臣蔡襄上进：

臣前因奏事，伏蒙陛下谕臣先任福建转运使[2]日，所进上品龙茶，最为精好。臣退念草木之微，首辱陛下知鉴，若处之得地，则能尽其材。昔陆羽《茶经》，不第建安之品[3]；丁谓《茶图》[4]，独论采造之本。至于烹试，曾未有闻。臣辄条数事，简而易明，勒成二篇，名曰《茶录》。伏惟清闲之宴，或赐观采，臣不胜惶惧荣幸之至。谨序。

【注释】

1 朝奉郎：官名，北宋正六品以上文散官。右正言：北宋太宗端拱元年（988），改左、右拾遗为左、右正言，八品。庆历四年（1044），蔡襄以右正言直史馆出知福州。修起居注：官名，宋初，置起居院，以三馆、秘阁校理以上官充任，负责记录皇帝言行。

2 转运使：转运使为唐代开元时设置，原掌管江淮米粮钱帛的转运，以供京师及军民的需要。宋代转运使又称漕司，实际掌管的事不限于转运米粮钱帛等经济事务，也兼有行政、民政、监察等职权，已演变成一种高级地方行政长官。

3 不第建安之品：第，品第、评定。陆羽《茶经》："其思、播、费、夷、鄂、袁、吉、福、建、韶、象十一州，未详，往往得之，其味极佳。"对建州之茶评价不详。

4 丁谓《茶图》：丁谓（966—1037），字谓之，后改字公言，苏州长洲（今属江苏）人。淳化进士，与孙何齐名，时称"孙、丁"。历峡路转运使、刑部员外郎、枢密直学士等。喜为诗，通晓图画、博弈、音律。《郡斋读书志》载丁谓曾作《建安茶录》，"图绘器具，及叙采制入贡方式"。

上篇　论茶

色

茶色贵白[1]。而饼茶多以珍膏[2]油去声其面，故有青黄紫黑之异。善别茶者，正如相工之视人气色也，隐然察之于内。以肉理润者为上，既已末之。黄白者受水昏重，青白者受水鲜明，故建安人斗试，以青白胜黄白。

香

茶有真香。而入贡者微以龙脑[3]和膏，欲助其香。建安民间试茶皆不入香，恐夺其真。若烹点之际，又杂珍果香草[4]，其夺益甚，正当不用。

味

茶味主于甘滑[5]。惟北苑凤凰山连属诸焙所产者味佳。隔溪诸山，虽及时加意制作，色味皆重，莫能及也[6]。又有水泉不甘，能损茶味[7]。前世之论水品者以此。

【注释】

1 茶色贵白：赵佶《大观茶论》载："点茶之色，以纯白为上真，青白为次，灰白次之，黄白又次之。天时得于上，人力尽于下，茶必纯白。"

2 珍膏：古代制茶辅料。宋朝制作团饼茶时在茶体外涂抹膏液，以增进美观和延缓陈化。张扩《清香》载："北苑珍膏玉不如，清香入体世间无。若将龙麝污天质，终恐薰莸臭味殊。"

3 龙脑：龙脑树树脂的白色结晶体，是一种名贵的中药材。

4 珍果香草：钱椿年《茶谱》载："茶有真香，有佳味，有正色。烹点之际不宜以珍果香草杂之。夺其香者，松子、柑橙、杏仁、莲心、木香、梅花、茉莉、蔷薇、木樨之类是也。夺其味者，牛乳、番桃、荔枝、圆眼、水梨、枇杷之类是也。凡饮佳茶，去果方觉清绝，杂之则无辨矣。”

5 甘滑：香甜柔滑。赵佶《大观茶论》载：“夫茶以味为上，甘香重滑，为味之全，惟北苑、壑源之品兼之。”

6 莫能及也：赵佶《大观茶论》载：“盖浅焙之茶，去壑源为未远，制之能工，则色亦莹白，击拂有度，则体亦立汤，惟甘重香滑之味，稍远于正焙耳。”

7 又有水泉不甘，能损茶味：陆羽《茶经》载：“其水，用山水上，江水中，井水下。”张大复《梅花草堂笔谈》载：“茶性必发于水，八分之茶遇水十分，茶亦十分矣。八分之水试茶，十分茶只八分耳。贫人不易致茶，尤难得水。”

藏茶

茶宜箬叶[1]而畏香药，喜温燥而忌湿冷。故收藏之家，以箬叶封裹入焙中，两三日一次，用火常如人体温，温则御湿润。若火多，则茶焦不可食。

炙茶

茶或经年，则香色味皆陈。于净器中以沸汤渍之，刮去膏油，一两重乃止。以钤箝之，微火炙干，然后碎碾。若当年新茶，则不用此说。

碾茶

碾茶先以净纸密裹，捶碎，然后熟碾。其大要，旋碾则色白，或经宿则色已昏矣。

罗茶

罗细则茶浮，粗则水浮。

候汤[2]

候汤最难。未熟则沫浮，过熟则茶沉。前世谓之蟹眼者[3]，过熟汤也。沉瓶中煮之不可辩，故曰候汤最难。

熁盏[4]

凡欲点茶，先须熁盏令热。冷则茶不浮。

点茶

茶少汤多，则云脚[5]散；汤少茶多，则粥面聚建人谓之云脚、粥面。钞茶一钱匕[6]，先注汤调令极匀，又添注入，环回击拂，汤上盏可四分则止。视其面色鲜白，著盏无水痕为绝佳。建安斗试，以水痕先者为负，耐久者为胜。故较胜负之说，曰相去一水[7]、两水。

【注释】

1 箬叶：底本作“蒻叶”，疑为“箬叶”，箬竹的叶子。古人以箬叶藏茶，冯可宾《岕茶笺》载：“新净磁坛周回用干箬叶密砌，将茶渐渐装进摇实，不可用手措。上覆干箬数层，又以火炙干炭铺坛口扎固。又以火炼候冷新方砖压坛口上。”

2 候汤：陆羽《茶经》载：“其沸，如鱼目，微有声，为一沸。缘边如涌泉连珠，为二沸。腾波鼓浪，为三沸。已上水老，不可食也。”无论煎茶或是点茶，煮水火候掌握要得当。汤嫩或过老，皆影响茶汤。煮水时随时观察，这个过程即是候汤。

3 蟹眼：螃蟹的眼睛。比喻水初沸时泛起的小气泡。庞元英《谈薮》载：“俗以汤之未滚者为盲汤，初滚者曰蟹眼，渐大者曰鱼眼，其未滚者无眼，所语盲也。”

4 熁（xié）盏：熁，火气熏烤，即温杯，为保持茶汤的温度而事先将茶碗预热。赵佶《大观茶论》载：“盏惟热，则茶发立耐久。”

5 云脚：点茶后在盏壁处出现的浮沫。梅尧臣《李仲求寄建溪洪井茶七品云愈少愈佳未知尝何如耳因条而答之》载：“五品散云脚，四品浮粟花。三品若琼乳，二品罕所加。绝品不可议，甘香焉等差。”

6 一钱匕：合今计量二克左右。

7 一水：苏轼《行香子·茶词》载：“斗赢一水。功敌千钟。觉凉生、两腋清风。”

下篇　论茶器

茶焙[1]

茶焙，编竹为之，裹以箬叶。盖其上，以收火也。隔其中，以有容也。纳火其下，去茶尺许，常温温然[2]，所以养[3]茶色香味也。

茶笼

茶不入焙者，宜密封裹，以箬笼盛之，置高处，不近湿气。

砧椎[4]

砧椎盖以砧茶。砧以木为之，椎或金或铁，取于便用[5]。

茶钤[6]

茶钤屈金铁为之，用以炙茶。

茶碾

茶碾以银或铁为之。黄金性柔，铜及喻石皆能生铫[7]音星，不入用。

茶罗

茶罗以绝细为佳。罗底用蜀东川鹅溪画绢[8]之密者，投汤中揉洗以羃[9]之。

【注释】

1 茶焙：犹陆羽《茶经》中的育："育，以木制之，以竹编之，以纸糊之。中有隔，上有覆，下有床，旁有门，掩一扇，中置一器，贮煻煨火，令煴煴然。江南梅雨时，焚之以火。"

2 温温然：犹煴煴然，火势微弱的样子。

3 养：陆羽《茶经》载："育者，以其藏养为名。"

4 砧椎（zhēn chuí）：砧，捣碎饼茶时垫在底下的木板。椎，捶打饼茶时用的棍棒。

5 便用：用以金银，虽云美丽，然贫贱之士，未必能具也。

6 茶钤（qián）：烤茶时用以夹茶的钳子。陆羽《茶经》为"夹"，"以小青竹为之，长一尺二寸。令一寸有节，节以上剖之，以炙茶也。彼竹之筱，津润于火，假其香洁以益茶味。恐非林谷间莫之致。或用精铁、熟铜之类，取其久也。"

7 喻（yú）石：一种类似玉的石头。生钍（shēng）：生锈。

8 蜀东川鹅溪画绢：《嘉庆一统志》载："鹅溪，（盐亭）县西北八十里。"《明统志》："其地产绢。"宋文同诗："待将一匹鹅溪绢，写取寒梢万丈长。"黄庭坚《奉谢刘景文送团茶》言："鹅溪水练落春雪，粟面一杯增目力。"

9 羃：覆盖。

茶盏

茶色白，宜黑盏。建安所造者绀[1]黑，纹如兔毫[2]，其坯微厚，熁之久热难冷，最为要用[3]。出他处者，或薄或色紫，皆不及也。其青白盏，斗试家自不用。

茶匙[4]

茶匙要重，击拂有力，黄金为上[5]。人间以银、铁为之。竹者轻，建茶不取。

汤瓶[6]

瓶要[7]小者易候汤，又点茶注汤有准，黄金为上。人间以银、铁或瓷石为之[8]。

【注释】

1 绀（gàn）：天青色，深青透红。赵佶《大观茶论》载："盏色贵青黑，玉毫条达者为上，取其焕发茶采色也。"

2 兔毫：盏上纹路如兔毫。赵佶《宫词》言："螺钿珠玑宝盒装，琉璃瓮里建芽香。兔毫连盏烹云液，能解红颜入醉乡。"

3 熁之久热难冷，最为要用：赵佶《大观茶论》载："盏惟热，则茶发立耐久。"

4 茶匙：击拂茶汤之用。

5 黄金为上：毛滂《谢人分寄密云大小团》载："旧闻作匙用黄金，击拂要须金有力。家贫点茶秖匕箸，可是斗茶还斗墨。"

6 汤瓶：注汤之瓶，苏轼《试院煎茶》载："银瓶泻汤夸第二。"依靠汤瓶大小节制点茶水流。至赵佶《大观茶论》，利用嘴口节制水流："瓶宜金银，小大之制，惟所裁给。注汤利害，独瓶之口嘴而已。嘴之口欲大而宛直，则注汤力紧而不散。"

7 要：通假字同"腰"。

8 人间以银、铁或瓷石为之：苏廙《汤品》载："贵欠金银，贱恶铜铁，则瓷瓶有足取焉。幽士逸夫，品色尤宜，岂不为瓶中之压一乎？然勿与夸珍炫豪臭公子道。"以蔡襄为视角，固然金银显示权贵身份，与陆羽、苏廙选择相远。

后　序

臣皇祐中修起居注，奏事仁宗皇帝，屡承天问以建安贡茶并所以试茶之状。臣谓论茶虽禁中[1]语，无事于密，造《茶录》二篇上进。后知福州，为掌书记[2]窃去藏藁，不复能记。知怀安县樊纪购得之，遂以刊勒行于好事者，然多舛谬。臣追念先帝顾遇之恩，揽本流涕，辄加正定，书之于石，以永其传。

治平元年五月二十六日，三司使给事中[3]臣蔡襄谨记。

【注释】

1 禁中：秦汉时皇帝宫中为禁中，后代沿袭之。

2 掌书记：宋代州府军监下属的幕职官。

3 三司使给事中：宋朝将五代时盐钱使、度支使、户部使合并为一，称三司。给事中：属门下省。《宋史·职官志》载："掌读中外出纳，及判后省之事。若政令有失当，除授非其人，则论奏而驳正之。凡奏章，日录目以进，考其稽违而纠治之。"

第二节《茶录》译文

自 序

朝奉郎右正言同修起居注蔡襄呈进：

臣之前借着上奏的机会，承蒙陛下告诉臣，臣之前担任福建转运使时所进贡的上品龙茶最好。臣私下感念，这些草木虽然只是微小之物，有负于陛下的知遇赏鉴之恩。如果让它处于适宜的地方，就能够发挥它最大的作用。唐代陆羽的《茶经》没有评价建安茶品，丁谓的《茶图》也只是单独讨论采制的基本情况，至于烹煮、点试茶叶的情况，很少提及。臣专门列举了几个方面，简单明了，刻成两篇，名为《茶录》。在陛下宴会清闲时，可赐予群臣观览、品鉴，那是臣的莫大荣幸。蔡襄谨序。

上篇　论茶

色

茶的颜色以白为贵，然饼茶大多用珍贵的油脂涂抹表面，所以有青、黄、紫、黑等颜色的差别。善于鉴别茶叶的人，就像相士观察人气色一样，能隐约观察茶的内部。饼茶以质地光润者为上。若已经碾研成茶末，颜色黄白的受水点试后茶汤浑浊，颜色清白的受水点试后茶汤清澈，因此建安人斗茶，以为青白色的胜过黄白色的。

香

茶有天然之香。而进贡的饼茶稍加些龙脑与油脂，以帮助提高香味。建安民间品茶时都不添加香料，以防止失去其天然之香。如果在点试之时，掺入珍贵的果品与香草，恐怕天然茶香会丧失更多，应当不能只用这些。

味

茶味最重要的是要甘甜、润滑。只有北苑凤凰山一带的茶焙出产的茶味道最佳。隔着溪流的几座山上产的茶，即使及时用心制作，颜色与味道均重，也比不上北苑凤凰山的茶。加上水不够甘甜，有损于茶的味道。这就是前代评论水之等级的原因所在。

藏茶

茶适宜用箬叶包裹储藏，惧怕气味浓烈的香料，喜欢温和干燥的环境，而忌置于阴冷潮湿的地方。因此收藏茶叶的人用箬叶封裹好茶，放入茶焙中烘烤，两三天一次，所用的火温如人的体温一样，就可以防潮。如果火温过高，茶叶就被烤焦而不宜饮用。

炙茶

有的茶置放一年以后，香气、颜色和滋味会变得陈旧。可将茶放在干净的器皿中用沸水浸渍，并刮去饼茶表面一两层油脂之后，再用茶钤夹着，以微火烤干，然后碾成碎末。如果是当年产的新茶，就不需要用这种方法。

碾茶

碾茶时先用干净的纸把饼茶包裹密实后捶捣成碎块，然后再细细地碾。其要点在于，烘烤之后马上碾的茶色就会变白，如果放置一夜后再碾的茶色就会变暗淡。

罗茶

筛得细的茶末在点茶时就会浮在水面之上，筛得粗的则会沉到水面之下。

候汤

候汤是最难把握的。煮水的火候不到则茶末会上浮，火候过头的话则茶末会下沉。前人所说的“蟹眼”就是火候过头的沸水。如果用很深的器皿煮水，就很难分辨火候程度，所以说候汤是最难的。

熁盏

凡是在点茶之前，都要先给茶盏加热，使其温度升高，如果冷的话，茶末就不会上浮。

点茶

茶末少而水多，云脚就会分散。水少而茶末多，粥面就会凝聚。抄取一钱匕的茶末，先注入少量开水把茶末调得极其均匀，再注入沸水反复搅拌。沸水注入到离盏口大约四分就可以了。

看到茶汤表面颜色鲜亮发白，盏壁上没有附着水痕为最佳。建安人斗茶，将先出现水痕的视为输者，把长时间不出现水痕的看作胜者。因而比较胜负的说法只是相差一水、两水。

下篇 论茶器

茶焙

茶焙用竹条编成，再用箬叶包裹。茶焙上面加盖，是为了保持火的温度。茶焙中间有间隔，是为了能够有更多的容纳空间。火放在茶焙之下，与茶有大约一尺的距离，使其长时间地保持适宜的温度，以保持茶的颜色、香气与滋味。

茶笼

不需烘烤的饼茶，最好密封包裹，用箬笼装好，置于高处，使之远离湿气。

砧椎

砧和椎都是用来捶捣饼茶的。砧用木做成，椎用金或铁制成，取决于使用的方便程度。

茶钤

茶钤是将金或铁弯曲之后制成的，用来炙烤茶叶。

茶碾

茶碾，用银或铁制成。黄金质地柔软，铜和喻石会生锈，均不适用。

茶罗

茶罗，以极细的最好。罗底用蜀地东川鹅溪所产的细密画绢，放到热水中揉洗之后罩在罗上。

茶盏

茶汤的颜色白，宜用黑色的茶盏。建安出产的黑里透红的茶盏，釉纹如兔毫，这种茶盏稍厚，烤过之后能长久地保温而不易冷却，点茶用最好。别处出产的茶盏，要么太薄，要么颜色发紫，都比不上建安产的。至于青白色的茶盏，斗茶品茶的人自然不用。

茶匙

茶匙要有一定重量，搅拌起来才能有力。黄金的最好，民间用银或铁制作。竹制的重量太轻，点试建茶是不用的。

汤瓶

腰细的汤瓶便于候汤，而且点茶时便于准确把握所加的沸水量。黄金的最好，民间用银、铁或瓷、石等材质制作。

后 序

臣皇祐年间修撰起居注，向仁宗皇帝奏事时，多次承蒙皇帝询问建安贡茶和试茶的情况。臣以为讨论茶的谈话即使是宫廷内的话语，但不涉及机密，于是写了《茶录》二篇呈上。后来掌管福州时，所藏底稿被掌书记偷走，自己也不能回忆起原稿的内容。怀安县知县樊纪购买到了这份稿本，就刊刻了，在喜爱饮茶的人中流传，但是文字谬误较多。臣怀念先帝眷顾和知遇之恩，捧着书不禁潸然泪下，于是加以勘误、写定，刻在石碑上，以使其永久流传。

治平元年五月二十六日，三司使给事中臣蔡襄谨记。

第三节　《茶录》的版本与体例

一、《茶录》的若干版本

关于蔡襄《茶录》版本，方健《中国茶书全集校证》有翔实的考证与整理：

（一）自书本、拓本或宋代题跋本

1. 治平元年（1064）自书墨本，其拓本《宣和书谱》卷六著录

2. 治平元年正定本

3. 李光题跋本

4. 兴化军（今福建莆田）蔡氏法帖五卷合刻本

5. 石本

6. 南宋东园方氏藏本

7. 绢本《茶录》

8. 伪真迹本

（二）收入《文集》及《全宋文》本

1. 宋刻本《莆阳居士蔡公文集》三十六卷

2. 明万历刻本《宋端明殿学士蔡忠惠公文集》四十卷

3. 明万历裔孙蔡善继双瓮斋刻本《宋蔡忠惠公文集》

4. 清雍正裔孙蔡仕舢逊敏斋刻本《宋端明殿学士蔡忠惠公文集》三十六卷

5. 四库全书本《端明集》四十卷

6. 吴以宁点校《蔡襄集》四十卷

7.《蔡襄全集》

（三）丛书本

1.《百川学海》本，以1927年陶氏景刊咸淳本为佳

2. 格致丛书本

3.《说郛》本

4. 明喻政《茶书全集》甲、乙种两本

5. 胡文焕编《百名家书》本

6.《五朝小说》及《五朝小说大观》本

7.《四库全书》本

8.《丛书集成》本

9.《古今图书集成》本

10. 布目潮沨编《中国茶书全集》本

11. 清初藏书家钱曾述古堂抄本

二、《茶录》的体例

《茶录》全文不足千言，言简意赅，成书于宋皇祐

年间（1049—1053），宋治平元年（1064）刻石，共上下两卷，附前、后自序。因“陆羽《茶经》不第建安之品，丁谓《茶图》独论采造之本，至于烹试，曾未有闻”，故《茶录》的问世，弥补了上述缺憾。

其体例是：上篇论茶，分色、香、味、藏茶、炙茶、碾茶、罗茶、候汤、熁盏、点茶十目，主要论述茶汤品质与烹饮方法；下篇论茶器，分茶焙、茶笼、砧椎、茶钤、茶碾、茶罗、茶盏、茶匙、汤瓶九目，谈烹茶所用器具。据此，可见宋代团茶饮用状况和习俗风格。较之陆羽《茶经》的一之源、二之具、三之造、四之器、五之煮、六之饮、七之事、八之出、九之略、十之图，《茶录》只论二目，然亦精深。论茶，除了色、香、味、品质外，还涉及贮藏、点茶之流程；论茶器，则论其功用及选取原则，简洁明了。

唐代陆羽《茶经》开创历代茶书写作之先河，宋代蔡襄《茶录》亦影响后世的茶书著述。宋徽宗赵佶《大观茶论》书写名冠天下的“龙团凤饼”，其中有色、香、味与茶器的篇目，之间的内容与体例受到蔡襄《茶录》的启发，另有明代张谦德著《茶经》分上篇《论茶》、中篇《论烹》、下篇《论器》，亦循《茶录》之体例，可见蔡襄《茶录》对后世的影响之深。

第四节　《茶录》历代名家题跋

宋代欧阳修、陈东、李光、杨时、刘克庄以及元代的倪瓒均为《茶录》撰题跋。从题跋内容可窥看《茶录》写作的时代背景、由来等。全文录于此。

龙茶录后序

欧阳修

茶为物之至精，而小团又其精者，录叙所谓上品龙茶者是也。盖自君谟始造而岁贡焉。仁宗尤所珍惜，虽辅相之臣，未尝辄赐。惟南郊大礼致斋之夕，中书、枢密院各四人共赐一饼，宫人剪金为龙凤花草贴其上。两府八家分割以归，不敢碾试，但家藏以为宝，时有佳客，出而传玩尔。至嘉祐七年，亲享明堂，斋夕，始人赐一饼。余亦忝预，至今藏之。余自以谏官供奉仗内，至登二府，二十余年，才一获赐。而丹成龙驾，舐鼎莫及，每一捧玩，清血交零而已。因君谟著录，辄附于后，庶知小团自君谟始，而可贵如此。

治平甲辰七月丁丑

庐陵欧阳修书还公期书室

跋《茶录》

欧阳修

善为书者，以真楷为难，而真楷又以小字为难。羲、献以来，遗迹见于今者多矣，小楷惟《乐毅论》一篇而已，今世俗所传出故高绅学士家最为真本，而断裂之余，仅存百余字尔。此外吾家率更所书《温彦博墓铭》亦为绝笔，率更书，世固不少，而小字亦止此而已，以此见前人于小楷难工，而传于世者少而难得也。

君谟小字新出而传者二，《集古录目序》横逸飘发，而《茶录》劲实端严，为体虽殊，而各极其妙。盖学之至者，意之所到，必造其精。予非知书者，以接君谟之论久，故亦粗识其一二焉。

治平甲辰

跋蔡君谟《茶录》

陈东

余闻之先生长者，君谟初为闽漕时，出意造密云小团为贡物，富郑公闻之，叹曰："此仆妾爱其主之事耳，不意君谟亦复为此！"余时为儿，闻此语，亦知感慕。及见《茶录》石本，惜君谟不移此笔书《旅獒》一篇以进。

跋蔡君谟《茶录》

李光

蔡公自本朝第一等人，非独字画也。然玩意草木，开贡献之门，使远民被患，议者不能无遗恨于斯。

宣和五年仲春既望　李某题

《茶录》跋

杨时

端明蔡公《茶录》一篇，欧阳文忠公所题也。二公齐名一时，皆足以垂世传后。端明又以翰墨擅天下，片言寸简，落笔人争藏之，以为宝玩。况盈轴之多而兼有二公之手泽乎？览之弥日不能释手，用书于其后。

政和丙申夏四月　延平杨时书

《茶录》跋

刘克庄

余所见《茶录》凡数本，暮年乃得见绢本，见非自喜作此，亦如右军之于禊帖，屡书不一书乎？公吏事尤高，发奸擿伏如神，而掌书吏辄窃公藏稿，不加罪亦不穷治，意此吏有萧翼之癖，与其他作奸犯科者不同耶？可发千古一笑。

淳祐壬子十月望日

后村刘克庄书，时年六十有二

《茶录》跋

倪瓒

蔡公书法真有六朝唐人风，粹然如琢玉。米老虽追踪晋人绝轨，其气象怒张，如子路未见夫子时，难与比伦也。

辛亥三月九日　倪瓒题

龙茶录考

文徵明

蔡端明书，评者谓其行草第一，正书第二，然《宣和书谱》载御府所藏独有正书三种，岂不足于行草耶？欧公云前人于小楷难工，故传于世者少而难得，君谟小字新而传者二谓《集古录序》及《龙茶录》也。端明亦云：古之善书者，必先楷法，渐至行草。某近年粗知其意，而力已不及。观此则其行草虽工，而小楷尤为难得。当时御府所收仅有三种而《茶录》在焉，盖此书尤当时所贵，尝刻石传世，数百年来石本已不易得，况真迹乎？侍御王君敬止不知何缘得此，间以示余，盖希代之珍也。按：公以庆历四年为福建转运，进小龙茶时，年三十有四。后三年，为皇祐三年，入修起居注，选进此录。后知福州，失去藏稿。怀安令樊纪购得刊行。当是至和二年再知福州时，至治平元年始定正重书，相距皇佑又十余年。公年五十有三，遂卒。

晦庵评蔡书谓：岁有蚤暮，力有深浅，公书至是，盖无遗法矣。元人卢贵纯跋云：欧公最爱公书，而此书晚出，惜不及见。余按欧公云《集古录序》横逸飘发，而《茶录》劲实端严，结体虽殊，各极其妙，则此书必尝入其品题矣。且后题治平甲辰，即元年重书之岁也。又按刘后村云：《茶录》凡见数本则当时所书宜不止此。此帖南渡后，尝为蔡修斋所藏。修斋，永嘉人，名范，字遵甫，幼学尚书之子，仕终吏部侍郎。尝官闽中，与端明家通谱，因得此帖，不知即御府藏本，或后村所见诸本，今不可考矣。元人题语二十余皆记，修斋之孙宗文，授受收藏之，故而不及书之本末，余因疏其大略如右，其详则俟博雅君子。

《茶录》跋

徐𤊹

蔡君谟《茶录》石刻小楷，为平生得意书，刘后村去君谟未远，家有数本，而其一为方氏得之，不管重宝，当时珍贵如此，况五百载之后乎？斯刻自君谟时置之建州治，为土掩瘗，不知年岁。近重修府藏，掘地得之。守识其古物，洗刷仍置库舍，后附刻《茶诗》六首，字稍大于《茶录》，亦颇缺蚀。𤊹闻其石在公置，无从印拓，万历丁酉，屠田叔为闽转运副使，乃托田叔移书建州守李三才，得此本。守去，今复弃置，无有贵重之者，不亦惜哉！

已亥春日

三山徐𤊹兴公跋

《茶录》跋

林则徐

古香斋帖今莆田公祠所藏，甚不足观，拟借此本属妙手摹泐嵌公祠壁，以还吾闽旧观也。

《茶录》跋

唐云

《茶录》虽刊布，而墨本获读者鲜，此为君谟于治平初手书石上，乃天水旧拓，书法高妙清华，且可订正通行本异文，堪称瑰宝，询非妄也。千年佳作，自应影印以传，因跋数语，用志眼福。

第三章　蔡襄《茶录》论茶

第一节　“色”：茶之本色美

美，是一种审美情趣，亦是一种审美观念。中国人对茶色的审美感受，往往随着时代的变迁与审美情趣的变化而有所差异。如宋人“尚白”为美，故论茶品茶者，多以白为贵，彰显宋代“尚白”的审美追求。

蔡襄在《茶录》上篇论茶色，云：“茶色贵白，而饼茶多以珍膏油其面，故有青黄紫黑之异。善别茶者，正如相工之视人气色也，隐然察之于内，以肉理润者为上。既已末之，黄白者受水昏重，青白者受水详明，故建安人斗试以青白胜黄白。”宋徽宗《大观茶论》之论茶色云：“点茶之色，以纯白为上真，青白为次，灰白次之，黄白又次之。天时得于上，人力尽于下，茶必纯白。天时暴暄，芽萌狂长，采造留积，虽白而黄矣。青白者，蒸压微生；黄白者，蒸压过熟。压膏不尽，则色青暗；焙火太烈，则色昏赤。”因此，在宋人的审美视域里，茶叶色泽，是茶的视觉性，属于茶的感官之美，包括干茶外表颜色、茶的汤色、叶底色泽，等等。

茶叶与美学交相辉映，这种色泽之美，是茶叶鲜叶内所含各种有色物颜色的集中反映。它同时也是茶叶命名与分类的基本依据之一，茶叶科学证明，构成茶叶色泽之美的有色物质，主要是黄铜醇、类胡萝卜素、糖苷、茶红素、茶黄素、茶褐素叶绿素及其转化物等。这些有色物质，成就了五彩缤纷的茶叶色泽之美，从当今的茶叶分类标准即可知其一二。

绿茶，属于不发酵茶。绿茶的本色，是清汤绿叶。绿茶的外形色泽与叶底色泽，主要是由叶绿素及其转化物所构成的。其中脂溶性色素是构成叶底色泽和绿茶外形色泽的基本部分，而水溶性色素在冲泡后未被溶解于茶汤者则参与叶底色泽的颜色构成，绿茶汤色的主要物质，均是水溶性色素，茶学界普遍认为，黄烷酮是构成绿茶茶汤呈黄绿色的基本物质要素。

白茶，属于轻微发酵茶。白茶色泽素雅，满披白毫，汤色以黄为主。白茶按树种主要为大白茶树以及群体种菜茶（俗称“小白”），白茶按鲜叶老嫩及品种的区别，可分为白毫银针、白牡丹、贡眉、寿眉四种，品质各异，越陈越香。（备注：在中国六大茶类里，白茶的品质风味最丰富。根据当今《GB/T22291–2017 白茶》标准，按照选料等级及品种的不同，白茶产品可分为白毫银针、白牡丹、贡眉、寿眉四种。）

青茶，又称乌龙茶，属于半发酵茶。青茶的本色介于绿茶与红茶之间，具有绿茶的清香与红茶的醇味，冲泡后形成“绿叶红镶边”的奇景，美不胜收。

红茶，属于全发酵茶，红茶的本色是汤色红艳。这种外形色泽与叶底色泽，主要是由叶绿素降解产物、蛋白质、糖、果胶质及茶多酚等参与氧化聚合的结果。据现代光谱分析，种类繁多的色素与水溶性的茶多酚氧化产物融为一体，共同构成了红茶外形色泽与叶底色泽。红茶一般要求干茶色泽油润，若叶底红亮，则表明茶红素较多。红茶汤色是由水溶性的茶多酚氧化产物所决定的；茶黄素含量多则汤色呈橙黄色，茶褐素高则茶汤呈暗褐色，茶红素高则茶汤呈浓红色。红茶汤色越红艳鲜亮，茶汤质量越好；反之，则茶质较差。

黄茶，属于微发酵茶，黄茶的本色，是黄色，黄汤黄叶，黄茶按鲜叶老嫩之别分为黄芽茶、黄小茶、黄大茶三种，品质各异，产区分散，因其产量稀少，有“茶中贵族”

之美誉。

黑茶，属于非酶性发酵茶。经传统渥堆制作，通常分为前发酵与后发酵。黑茶源于梅山的渠江薄片，肇始于晚唐、五代，参考文献有五代毛文锡《茶谱》为证。黑茶顾名思义，尚黑，黑茶的本色是叶底色泽尚褐，滋味醇和纯正，汤色深橙红润。这种色泽之美，亮丽而不妖艳，富贵而不豪华，醇厚中显示甜润，朴实中呈现高雅，异彩纷呈，是中国茶类里一颗耀眼的明珠。

第二节　“品”：茶与鉴赏美学

茶，这片诞生于宇宙洪荒时代的叶子，采天地之灵气，集日月之光辉。以青山绿水为基，晨沐朝阳，夕饮甘露，钟山川河岳之灵气，质地醇和，性心高雅，是天地自然之美的荟萃集成。蔡襄《茶录》有云：“茶味主于甘滑，惟北苑凤凰山连属诸焙所产者味佳，隔溪诸山，虽及时加意制作，莫能及也。”品茶鉴茶，源于中国先民对饮食之美的追求，由其色、香、味、形之美而上升到艺术鉴赏美学的范畴，是以特定的审美标准来鉴赏茶与水的美，分为茶叶形态之美、视觉之美、味觉之美、嗅觉之美等。

一、茶味：茶之味觉美

“味”是何物？根据《说文解字》的解法，“味”字，是形声字，从口，未声。从生理学而言，辨味者，舌头也，而口并不辨味，人是依靠舌头来辨味的。“味”是人的口、耳、鼻、眼等器官综合体味的生理感受和审美体验。“味”的审美特征，可从以下方面来分析：

首先是生理机能，民以食为天，生理机能是人在品尝食物、闻到气味时所感受到的生理上的味觉、嗅觉方面的反应。辨别出气味的香、臭、腥、鲜、腐、陈。辨别出食物的味道是咸、酸、苦、辣、甜，人的舌头与鼻子对食物与气味的辨别能力，是人的味觉器官与嗅觉器官的本能反应。因此，味，首先是饮食概念，出自人们在饮食中所感受到的味觉之美，属于中国古代饮食文化研究的基本范畴。东汉时代，许慎《说文解字》有云："味，滋味也。"指食物的味道，故中国古代有"五味"之谓。《左传·昭公元年》云："天有六气，降生五味。"《国语》云："和五味以调口。"《礼记·礼运》云："五味，六和，十二食，还相为质也。"东汉时期，经学家郑玄注云："五味，酸、苦、辛、咸、甘也。"泛指各种味道。因此，"味"虽是客观存在，但自然是以人为本，人的味觉器官与嗅觉器官，是"味"得以被人们感受到的基础。

其次，"味"又是有审美标准的，是人对美食、美味、美好事物、艺术境界的综合审美体验。这种审美体验，是必须通过"通感"来实现的，即情感的交融会意与心灵的品味鉴赏，是一种自我感觉意识和审美快感。"味"是人的审美情感通过"意象"转化为审美趣味的，味因情而生，"味"是人的口、耳、鼻、眼等器官能够体味到的生理感觉和审美体验。明代"前七子"诗人谢榛有《因"味"字得一绝》诗云：

道味在无味，咀之偏到心。

犹言水有迹，瞑坐万松深。

他认为“味”在无味，只有亲自咀嚼，从内心去体味，才能感觉到何种滋味。他又以水迹与瞑坐深邃的松林里为比，说明“味”在于心灵的审美体验。一般来说，美因爱好而产生，美味因美感而生。当某一种物质的滋味经过人的品尝鉴赏而升华到“美味”“趣味”“情味”“韵味”“兴味”“余味”“意味”“风味”“一味”“遗味”“精味”“义味”等高雅优美的精神境界的时候，味的审美价值就得到了淋漓尽致的发挥与展示，而成为一种审美范畴，被广泛地运用于中国古典美学、诗学与文学理论批评的艺术实践之中。

再次，“味”的美感又是相对的，比较注重个人的审美体验，其鉴别标准具有多样化、多元化的特色，味的美丑、深浅、厚薄、雅俗、真假、好恶，文学艺术欣赏，因人而异，因时而异，因地域而异。每个人的生理需求、生活方式、个性修养、文化心态、审美情趣与时空的差异性，造成了人们对味的审美感受的千差万别。所谓“众口难调”，就是因为每个人的口味不同，对味的要求具有明显的差别性。

中国古人以羊大为美，故而有“肥羊美味”；海生族以鱼腥为美，腥味则为美味；鲍肆老板以臭为美，久闻而不知其臭，臭味则为美味；少年爱好甜食，以甘甜为美味；而老年喜好清淡食物，以清淡为美味；北方人好奶酪，南方人好清茶；唐人嗜酒，宋人好茶。这些差异，皆因审美趣味的不同所致。所以，清人叶燮《原诗》云："幽兰得粪而肥，臭以为美；海木生香而萎，香反为恶。"味之美丑好恶，也是具有多样性的，是相对性的。品茶，注重的是茶水的味觉之美。茶味，从感官而言，是品茶时人们的味觉所感受到的一种审美滋味。

茶味，是品茶者的一种味觉之美。品茶者对茶味的某种味觉之美的认可，决定于茶人的饮食习惯与审美感受。或鲜，或甜，或淡，或苦，或酸，或涩，或陈，或加姜盐有咸味。世界是多元化的，美的存在也是多样化的。茶之味，亦具有美的多样性特征。蔡襄《茶录》有云："茶味主于甘滑，惟北苑凤凰山连属诸焙所产者味佳，隔溪诸山，虽及时加意制作，莫能及也。"

宋徽宗《大观茶论》之论茶味，云："夫茶以味为上。甘香重滑，为味之全，惟北苑、婺源之品兼之。其味醇而乏风膏者，蒸压太过也。茶枪，乃条之始萌者，本性酸；枪过长则初甘，重而终微涩。茶旗，乃叶之方敷者，叶味苦；旗过老，则初虽留舌而饮彻反甘矣。此则芽镑有之。若夫卓绝之品，真香灵味，自然不同。"

茶重味，"以味为上"，一般而言，茶之"真香灵味，自然不同"，但啜苦咽甘，才是茶之美味，故宋徽宗认为，茶味之全者在于“甘香重滑”。茶尚清淡，以清淡为美，贵香气，忌土气，这是茶人共同的审美观念。

茶学界普遍认为，影响茶味之美的基本要素很复杂，但主要有以下六个方面：

第一，自然环境：茶味取决于土质等自然土壤环境。

明人冯可宾《岕茶笺》云：“洞山之岕，南面阳光，朝旭夕晖，云滃雾浡，所以味迥别也。”于山，明人佚名《茗笈》引熊明遇《岕山茶记》云：“产茶处，山之夕阳，胜于朝阳。庙后山西向，故称佳，总不如洞山南向，受阳气特专，称仙品。”又引《茶解》云：“茶地南向为佳，向阴者遂劣；故一山之中，美恶相悬。”于平地，《茗笈》又引《岕茶记》云：“茶产平地，受土气多，故其质浊。岕茗产于高山，浑是风露清虚之气，故为可尚。”

第二，揆制：茶味亦决定于揆制。揆制，就是茶叶制作时必须遵循的标准、准则、尺度。如炒青、烘烤、渥堆等工艺，以及茶水冲泡的温度，所注重的火候，都决定茶味的程度。

第三，水质：茶味亦决定于水质，蔡襄《茶录》称“水泉不甘，能损茶味”。《茶解》云：“烹茶须甘泉，次梅水。梅雨如膏，万物赖以滋养，其味独甘。”甘泉则以山泉为上。田艺蘅《煮茶小品》云：“山宣气以养万物，气宣则脉长，故曰‘山水上’”；“江，公也，众水共入其中也。水共则味杂，故曰‘江水次之’”。《茶录》又说：“山顶泉清而轻，山下泉清而重，石中泉清而甘，砂中泉清而冽，土中泉清而白”；称山泉“流于黄石为佳，泻出青石无用；流动愈于安静，负阴胜于向阳”。

第四，候火：茶味亦决定于候火。唐宋人烹茶，特别注重于候火。明人佚名《茗笈》赞曰：“君子观火，有要有伦。得心应手，存乎其人。”并引《茶疏》云：“火必以坚木炭为上。然本性未尽，尚有余烟，烟气入汤，汤必无用。故先烧令红，去其烟焰，兼取性力猛炽，水乃易沸。既红之后，方授水器。乃急扇之，愈速愈妙，毋令手停，停过之汤，宁弃而再烹。”从而称“炉火通红，茶铫始上，扇起要轻疾。待汤有声，稍稍重疾，斯文武火之候也”。

第五，点瀹：茶味亦决定于点瀹（yuè）。佚名《茗笈》第九“点瀹”引《茶疏》云：“茶注宜小不宜大。小则香气氤氲，大则易于散漫。若自斟酌，愈小愈佳。”又说：“一壶之茶，只斟再巡。初巡鲜美，再巡甘醇，三巡意欲尽矣。余尝与客戏论：初巡为婷婷袅袅十三余，再巡为碧玉破瓜年，三巡以来绿叶成荫矣！所以，茶注宜小，小则再巡以终。宁使余芳剩馨，尚留叶中，犹堪饭后供啜漱之用。”许次纾《茶疏》以女子“婷婷袅袅”“碧玉破瓜”和“绿叶成荫”三个年龄段为喻，来说明一壶茶之饮的“点瀹”原则，形象生动，内涵深刻。

第六，茶壶：茶味亦决定于茶壶。明周伯高《阳羡茗壶系》，称宜兴茶壶“取诸其制以本山土砂，能发真茶之色香味”。明代张源《茶录》说：“金乃水母，锡备刚柔，味不咸涩，作铫最良，制必穿心，令火气易透。”因制茶壶质料宜无土气，故历来以宜兴紫砂壶为佳品。《茶疏》云：“茶壶，往时尚龚春；近日时大彬所制，大为时人所重。盖是粗砂，正取砂无土气耳。”

这是总体而论，茶味是由茶的本质属性和茶人的审美情趣所决定的。

钱谦益《戏题徐元欢所藏钟伯敬茶讯诗卷》诗有“钟生品诗如品茶，龙团月片百不爱，但爱幽香余涩留齿牙”之句，可以反其道而曰“品茶如品诗”。茶味，本来因品种而异，因土质而异，因气候而异，因水质而异，因火候而异，因茶具而异，因品茶人的心情而异。然而，无论何种茶，何种水，何种人，其茶味共同的最高境界是“至味”。味，是一种美感，一种审美感受。“至味”，是味之最美者。陆次云认为，“此无味之味，乃至味也。”其之为至理名言，是因为它合乎自然，出乎天然，纯乎淡然，饱含着最为深邃的哲理。

当人的审美感受并不停留在物质本身的滋味之别，而是着意品味其蕴涵的审美价值和社会人生境界之时，此之味早已失去了其本体之味，而异化为一种“无味之味”。这种“味”没有物质之味，唯有一种融合了各种滋味的“淡”，淡得像一杯白开水，无色，无味，充溢着“太和之气”。

太和之气，是一种自然真气，是一种受之于天地的生命之气。“太和”，即“大和”。原出于《周易·乾·象辞》：“保合大和，乃利贞。”北宋理学家张载主张宇宙本体论，认为宇宙之本体由阴阳二气构成。品茶之淡而无味，而“觉有一种太和之气弥沦于齿颊之间”，犹如得“道”飞仙一样，到达了茶道的最高境界。其《正蒙·太和》云：“气不能不聚而为万物，万物不能不散而为太虚。”并以“太和”为“道”，云：“太和所谓道，中涵浮沉、升降、动静相感之性，是生絪缊相荡、胜负、屈伸之始。”认为“道”乃是天地之气升沉变化或阴阳转换的过程，故“太和”就是“道”，太和就是阴阳二气既矛盾又统一的状态，品茶之淡而无味，即同此理。

茶汤的美味，异彩纷呈，给人无尽的审美享受，是实用美学艺术所强调的重点。一般来说，茶的滋味，因茶叶质量、制作工艺与茶汤中呈味成分的数量、结构成分的不同，而呈现出多样化的审美特征。

二、茶形：茶叶的形态之美

茶叶形态美学，是一门对茶鲜叶与干茶叶的外部结构形态进行美学分析的科学。茶叶是茶树之叶，其千姿百态的外部形态,本身就是自然美的载体之一,是最完美、最和谐的美学形态。

一个嫩芽，一片绿叶，如雀舌，如鸟喙，是茶树无限生机的象征，是茶叶蓬勃生命力的标志，是植物生命美学的外部形态之美的表征。茶叶的原初形态，是鲜叶的本然形态之美，大致有以下四种：

一是“雀舌”，二是“鸟喙”，三是“枪旗”，四是“嫩茎”。北宋梅尧臣《南有嘉茗赋》，有“一之日雀舌露，掇而制之”者；“二之日鸟喙长，撷而焙之”者；“三之日枪旗耸，搴而炕之”者；“四之日嫩茎茂，团而范之”者。此四种茶叶形态，皆以比喻出之，反映了茶叶生长的不同时段上的形态之美。沈括《梦溪笔谈》卷二十四论茶叶的形态之美云：“茶芽，古人谓之雀舌、麦颗，言其至嫩也。今茶之美者，其质素良，而所植之木又美，则新芽一发，便长寸余，其细如针，唯芽长为上品，以其质干、土力皆有余故也。”如雀舌、麦颗者，极下材耳。乃北人不识，误为品题。余山居有《茶论》，《尝茶》诗云：“谁把嫩香名雀舌，定来北客未曾尝。不知灵草天然异，一夜风吹一寸长。”

雀舌，是茶叶初长的一种形态。其美如雀舌、麦颗者，比喻茶芽之嫩也。而沈括指斥茶之雀舌、麦颗命名者，是出于对茶芽实际饮用功能之考虑，并不否定茶芽的此种形态之美。最为普遍的茶叶原初形态，当首推“枪旗”。早春之茶，茶芽未展者曰枪，已展者曰旗。形象生动逼真，是茶叶原初形态美学的集中体现。以茶的植物生命属性而言，“茶以枪旗为美”（李诩《戒庵老人漫笔》）。枪者，比喻茶芽尖细如枪；旗者，比喻茶叶展开如旗。所谓“枪旗”，是指茶树上生长出来嫩绿的叶芽，以其叶芽的形状如一枪一旗而得名。

茶叶，是茶树的绿色生命；而“枪旗”，是茶的一种蓬勃旺盛的生命力的表现。“枪旗”之说，最早出自唐代，唐人陆龟蒙《奉酬袭美先辈吴中苦雨一百韵》自注云：“茶芽未展曰‘枪’，已展者曰‘旗’。”五代蜀人毛文锡《茶谱》云：“团黄有一旗二枪之号，言一芽二叶也。”

宋代以“枪旗”之喻茶叶者渐盛。周绛《补茶经》云：“芽茶只作早茶，驰奉万乘尝可矣。如一旗一枪，可谓奇茶也。”（见《宣和北苑贡茶录》）

茶叶经过制作加工，茶叶形态有了颇多变化。干茶各式各样的外形之美，呈现出千姿百态的美学形态，是人工制作的结果，具有不同的审美个性。茶叶外形，是茶叶的外部形态特征。包括形状和色泽两方面。干茶的色泽，是茶叶形态之美的重要组成部分。这种色泽，反映在茶叶的形体上，使茶叶本身更显示出一种亮丽的光泽之美。一般干茶的色泽，有翠绿、深绿、墨绿、黄绿、铁青、黄、金黄、黄褐、黑褐、灰绿、砂绿、清褐、乌黑、棕红等类型，自然界的各种颜色，在茶叶的色泽上皆有所体现。应该说，茶叶的色泽，是自然色彩美学的一种反映。

叶底，是茶叶冲泡后的渣滓。但由叶底之形，可知茶叶品种质的好坏。叶底的形态之美，大体有芽形、雀舌形、花朵形、整叶形、半叶形、碎叶形、末形七种形态，异彩纷呈。

三、茶艺：茶人的无言之美

茶艺，是中国茶道乃至中国茶文化的一种表现形式，也是茶人品茶无言之美的艺术表征与文化载体。无言之美，是语言艺术境界的无言状态，是对审美语言学的表征。从老子《道德经》所追求的“大象无形”“大音希声”到白居易《琵琶行》所描写的“此时无声胜有声”的音乐艺术，无言之美乃是中国语言艺术所追求的最高审美境界。笔者认为，“和”是茶道的核心，也是茶文化和茶美学的灵魂。和者，合也，和谐也，协调也，和和美美，美美与共之意。

茶，首先是茶叶与水的和合之物。茶叶，是茶之本体，是茶道之本原；水，是生命之源，也是品茶之源，是茶道之源。

（一）茶百戏

原名汤戏，是唐宋流行的一种茶艺展示形式，起源于唐宋煎茶、分茶工艺。因其茶汤倾入茶盏之时，茶汤表面形成一种奇幻莫测、如诗如画的物象，似山水田园，似自然景观，似人事百态，可观、可赏，瞬息即逝，想象空间极其开阔而又奇妙。这种茶汤，最初谓之汤幻茶，而其物象谓之汤戏。

这种汤戏，是茶汤的表面物象艺术，最先见于《全唐诗外编》下册记载：晚唐诗僧福全的《汤》诗，在《汤》字题下自注“汤幻茶”，又有诗序说：“馔茶而幻出物象于汤面者，茶匠通神之艺也。”沙门福全生于金乡，长于茶海，能注汤幻茶成一句诗，并点四瓯，共一绝句，泛乎汤表。小小物类，唾手辨耳。檀越（犹言“施主”）日，造门求观汤戏，（福）全自咏曰：

> 生成盏里水丹青，巧画工夫学不成。
>
> 却笑当时陆鸿渐，煎茶赢得好名声。

茶百戏，出自陶谷的《清异录》。陶谷，五代为翰林学士，北宋即历任礼部、刑部、户部尚书。嗜茶，曾得到党进一美姬，命其以雪水烹茶。问道：“党家有此风味吗？”美姬回答：“他是粗人，只知销金帐下，浅酌低唱，饮羊羔酒而已。”陶谷听了，深感愧疚。他著录的《清异录·茶百戏》曰：“近世有下汤运匕，别施妙诀，使汤纹水脉成物象者，禽兽虫鱼花草之属，纤巧如画，但须臾即就散灭。此茶之变也，时人谓之茶百戏。”

（二）斗茶

寻茶，亦称斗茗，是宋元时期盛行于茶人之间的一种茶叶质量好坏与茶艺精湛差异的竞赛活动，开创了中国茶叶评比竞争之先河：斗茶之风，盛于宋代。宋初范仲淹有《和章岷从事斗茶歌》，诗云：

年年春自东南来，建溪先暖冰微开。

溪边奇茗冠天下，武夷仙人从古栽。

新雷昨夜发何处，家家嬉笑穿云去。

露芽错落一番荣，缀玉合球散嘉树。

终朝采掇未盈襜，唯求精粹不敢贪。

研膏焙乳有雅制，方中圭兮圆中蟾。

北苑将期献天子，林下雄豪先斗美。

鼎磨云外首山铜，瓶携江上中泠水。

黄金碾畔绿尘飞，紫玉瓯心翠涛起。

斗余味兮轻醍醐，斗余香兮薄兰芷。
其间品第胡能欺，十目视而十手指。
胜若登仙不可攀，输同降将无穷耻。
于嗟天产石上英，论功不愧阶前蓂。
众人之浊我可清，千日之醉我可醒。
屈原试与招魂魄，刘伶却得闻雷霆。
卢仝敢不歌，陆羽须作经。
森然万象中，焉知无茶星。
商山丈人休茹芝，首阳先生休采薇。
长安酒价减千万，成都药市无光辉。
不如仙山一啜好，泠然便欲乘风飞。
君莫羡花间女郎只斗草，赢得珠玑满斗归。

据刘斧《青琐高议》卷九记载：范文正《斗茶歌》为天下传诵，蔡君谟暇日与希文聚话。君谟谓公曰：“公《斗茶歌》脍炙士人之口久矣，有少意未完。盖公方气豪俊，失于少思虑耳。”希文曰：“何以言之？”君谟曰：“公之句云：黄金碾畔绿尘飞，紫玉瓯心翠涛起。今茶之绝品，其色甚白，翠绿乃茶之下者耳。”希文笑谢曰：“君善知茶者也，此中吾诗病也。君意如何？”君谟曰：“欲革公诗之二字，非敢有加焉。”

公曰：“革何字？”君谟曰：“绿、翠二字也。”公曰：“可去！”曰：“黄金碾畔玉尘飞，紫玉瓯心素涛起。”

希文喜曰："善哉！"又见君谟精于茶，希文服于议。议者曰：希文之诗为天下之所共爱，公立意未尝徒然，必存教化之理，他人不可及也。

此诗写得生动形象，大气磅礴，挥洒自如，脍炙人口。宋人蔡正孙《诗林广记》引《艺苑雌黄》云："玉川子有《谢孟谏议惠茶歌》，范希文亦有《斗茶歌》，此二篇皆佳作也，殆未可以优劣论。"蔡氏以二首茶诗比肩，余今日读之，亦有同感，以为二诗皆中国茶文化史上的里程碑之作。此诗为斗茶而歌，是宋代社会斗茶之风的产物。

一般学者认为：北宋前期士人斗茶，承唐五代之习，以绿茶为贵，一斗茶味，二斗茶香。直到北宋后期，宋徽宗以白茶为茶瑞，宋人方以白茶为贵。然而如刘斧《青琐高议》卷九记载蔡君谟与范希文所论，则北宋前期品茶已经崇尚白茶矣。所谓"今茶之绝品，其色甚白，翠绿乃茶之下者耳"。宋徽宗以白茶为茶瑞，只是使宋人斗茶"尚白"之习宗法化而已。这正是此诗的茶学价值与历史意义之所在。而"众人之浊我可清，千日之醉我可醒"的诗句，正是千古茶人遗世独立、严以自律的写照。

茶艺展示，承载于茶道，却是一种无言艺术，如哑剧之于观众，全凭动作手势表达茶道的丰富内涵，观众与茶艺师之间的交流是茶艺，是以心会心，是心灵的碰撞，是对茶道的共同感悟。优美深邃的茶艺表演，称之为“无言之美”。

“无言之美”，是一种高雅的审美形态。中国先人特别注重这种审美形态，从《论语·卫灵公》的“言不及义”到《周易·系辞》的“书不尽言，言不尽意”，从《庄子·外物》的“得鱼而忘筌”“得意而忘言”到严羽《沧浪诗话·诗辩》的“不涉理路，不落言筌”，从魏晋玄学家王弼、嵇康的“言不尽意”到白居易《琵琶行》的“此时无声胜有声”，既为无言之美奠定了哲学基础，也为茶艺表演中的“无言之美”提供了美学依据。

茶艺展示，就是这种美学意义上的“无言之美”。这种“无言之美”，如诗如画，如梦如幻，犹如大地之载物，蕴涵深邃，而又博大精深；犹如日月之运行，春风化雨，而又利泽千秋；犹如河岳英灵，肃穆沉静，而又流韵高雅；如绝代佳人，其醉态笑影，教人倍觉倾城倾国之感；如千古韶乐，其韵律声情，令人顿生如醉如痴之叹。

如果说茶艺是茶道的外在形式之美，那么茶道之“道”在于“无言”，茶道是“无言之美”的完美体现者。《周易·系辞上》云：“是故形而上者谓之道，形而下者谓之器。”朱熹解释云：“阴阳，气也，形而下者也。

所以一阴一阳者，理也，形而上者也。道，即理之谓也。”

茶艺展示的主体是人，而茶的载体是茶壶。茶艺是人与茶的艺术之美，故于茶而言，茶道无形，是形而上者也；茶艺有形、茶壶为器，是形而下者也。茶道之“无言”，是“大象无形，大音希声”，“此时无声胜有声”，亦是茶道艺术普遍追求的一种比语言之美更为高妙的审美境界。

第三节　“器”：无器不成茶

茶事活动从茶器展开，无器则不成。茶器选择是否得当，直接影响茶汤的品质。同时，茶器之雅致，是茶人品位的体现。茶的历史发展至今，茶器随茶的饮用方式的变迁而演变。唐代煮茶法以陆羽《茶经》“四之器”为圭臬。陆氏茶有仪轨，严苛到“二十四器阙一，则茶废矣”，整体系统科学、完整，富含审美精神，影响至今。它们包含了生火用具、煮茶、烤茶、碾茶、量茶、盛水、滤水、取水、分茶、盛盐、取盐、饮茶、清洁、盛贮和陈列等用具，满足了煮茶、饮茶的每一步骤。对茶器的择选，反映了茶人审美的高度。

“点茶”是宋代的主要饮茶方式，使用的茶器见于蔡襄《茶录·论器》、赵佶《大观茶论》和审安老人的《茶具图赞》等。主要有以下几类：

一、茶碾

茶碾，又称“金法曹”，碎茶工具。唐宋时期通行的做法是将饼茶或散茶经茶碾碾碎，然后煮茶或点茶。陆羽《茶经》云：“碾，以橘木为之，次以梨、桑、桐、柘为之。”赵佶《大观茶论》云：“碾，以银为上，熟铁次之，生铁者非淘炼槌磨所成，间有黑屑藏于隙穴，害茶之色尤甚。凡碾为制，槽欲深而峻，轮欲锐而薄。槽深而峻，则底有准而茶常聚；轮锐而薄，则运边中而槽不戛。”

二、茶磨

茶磨，又称“茶硙”“石转运”（见《茶具图赞》），是磨碎茶饼的工具。宋自逊《茶磨》云：“韫质他山带玉挥，乾旋坤载妙玄机。转时隐隐海风起，落处纷纷春雪飞。”梅尧臣《茶磨》云：“楚匠斵山骨，折檀为转脐。乾坤人力内，日月蚁行迷。吐雪夸春茗，堆云忆旧溪。北归唯此急，药臼不须挤。”两首诗描绘了“出臼入磨光吐吞，危坐只手旋乾坤”之磨茶律动美。

三、建盏

建盏，福建建安所产，通常以产地命名。大口小底，形似漏斗，造型凝重，古朴厚实。釉色黑，莹润有光，条纹细密如丝。因结晶所显斑点、纹理不同，分兔毫釉、曜变、鳝皮釉、鹧鸪斑等，当时斗茶之风盛行，也称“茗战”。南宋刘松年绘《茗园赌市图》，见斗茶盛况，“斗茶味兮轻醍醐，斗茶香兮薄兰芷”。胜负主要包括茶质的优劣、茶色的鉴别和点茶技术的高拙。斗茶之色贵白，多用黑釉系的建盏，因此蔡襄说：“茶色白宜黑盏……其青白盏斗试自不用。”（蔡襄《茶录》）建盏釉面纹路多样，具有兔毫、鹧鸪斑纹的茶盏，为世人所钟爱。

试看文人的诗词吟咏：“忽惊午盏兔毛斑，打作春瓮鹅儿酒。”（苏轼《送南屏谦师》）“纤纤捧，研膏溅乳，金缕鹧鸪斑。”（黄庭坚《满庭芳·茶》）“鹧斑碗面云萦字，兔褐瓯心雪作泓。”（杨万里《陈蹇叔郎中出闽漕别送新茶》）无论是兔毫还是鹧鸪斑，釉色与白色的汤花形成强烈的视觉对比，引发别样诗情画意。建盏不仅满足了文人士大夫的生活需求和物质享受，更充实了他们的精神世界。宋代文人不吝惜笔墨，使得建盏成为诗词中的常咏之物。

四、茶筅

茶筅，又称“竹帚”“竺副帅”（见《茶具图赞》），点茶用具。竹制，帚形。点茶时，用茶筅在盏中搅拌，使茶末和沸水充分融合，形成乳状茶汁。刘过《好事近·咏茶筅》云："谁斫碧琅玕，影撼半庭风月。尚有岁寒心在，留得数茎华发。龙孙戏弄碧波涛，随手清风发。滚到浪花深处，起一窝香雪。"这首词生动描写了茶筅击拂之态，对茶筅做了详尽描述。

五、汤瓶

汤瓶，又称"汤壶"、"汤提点"（见《茶具图赞》）、"偏提"，主要用于注水或煮水点茶。其口小，腰细，其流细长，宜于注汤。点茶时，左手持汤瓶，右手茶筅击拂，周季常《五百罗汉图》再现了此场景。宋白《宫词》云："龙焙中春进乳茶，金瓶汤沃越瓯花。"陆游《试茶》云："银瓶铜碾俱官样，恨欠纤纤为捧瓯。"

《茶录》一书，在上篇论茶中，主要论述色、香、味、藏茶、炙茶、碾茶、罗茶、候汤、熁盏和点茶。论述茶色时，蔡襄说："茶色贵白，而饼茶大抵于表涂膏泽，故有青、黄、紫、黑之异。"论述茶香时，他说："茶有真香，而入贡者，微以龙脑和膏以助香，建安民间试茶，皆不入香，恐夺其真。"依据现代科学的制作工艺和方法，茶叶不宜掺杂"珍果香草"，否则会把茶的真香夺去。论述茶叶时，他说："茶味主于甘滑，惟北苑、凤凰山连属诸场产者味佳，隔溪诸山，虽及时加意制作，色与味莫能及也；又有水泉不甘，能损味，前世论水品者，以此。”这说明茶味与产地、水土、环境等有密切的关系。在论述藏茶时，他说：“茶宜箬叶，而畏香药。”这就是说，贮藏茶叶，要讲究茶器和方法，“意温燥而忌湿冷”，否则，茶叶会吸收“异味”，变质，不能保持茶之本色和茶之本味。

在下篇论茶器中，主要论述茶焙、茶笼、砧椎、茶钤、茶碾、茶罗、茶盏、茶匙和汤瓶。书中从制茶工具、品茶器具等方面进行论述，这些也是值得后人借鉴的。

蔡襄是宋代鉴茶、品茶的大家，他的《茶录》一书，对福建乃至当时全国茶产业的发展，起了巨大的推动作用。前人评曰：“建茶所以名垂天下，由公也。”（公是指蔡襄）今人也加以肯定：“十一世纪中叶，对福建茶叶生产发展做出较大贡献的，首推蔡襄。”千年以来所传承的茶文化，也不能不提及《茶录》的艺术与科学价值。

《茶具图赞》以图谱形式描绘了宋代点茶所用的十二件茶具，称为“十二先生”：韦鸿胪（焙茶笼）、木待制（碎茶器）、金法曹（茶碾）、石转运（茶磨）、胡员外（茶勺）、罗枢密（茶罗）、宗从事（茶刷）、漆雕秘阁（漆制茶托）、陶宝文（茶盏）、汤提点（汤瓶）、竺副帅（茶筅）、司职方（茶巾）。它们在炙茶、碎茶、碾茶、罗茶、点茶、击拂等步骤中各司其职。

韦鸿胪——炙茶用的烘茶炉

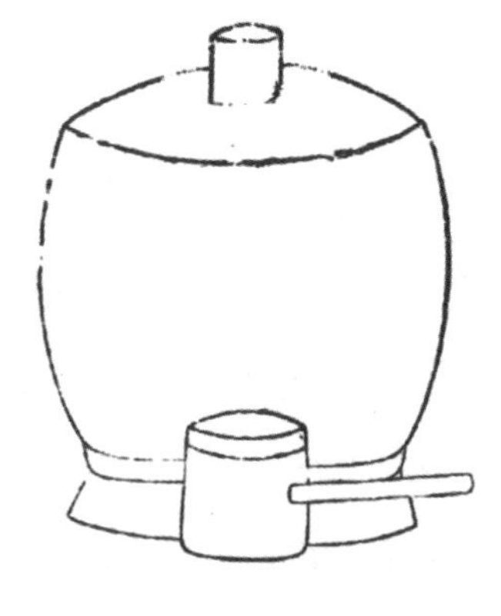

木待制——捣茶用的茶臼

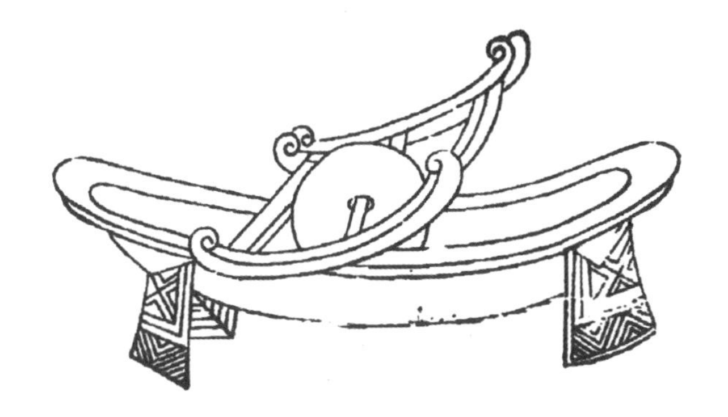

金法曹——碾茶用的茶碾

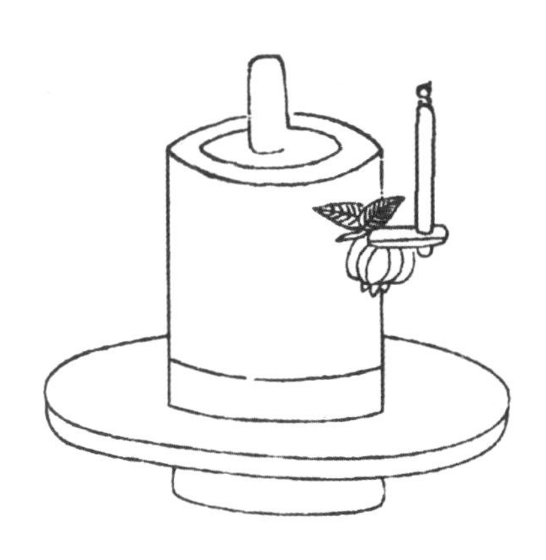

石转运——磨茶用的茶磨

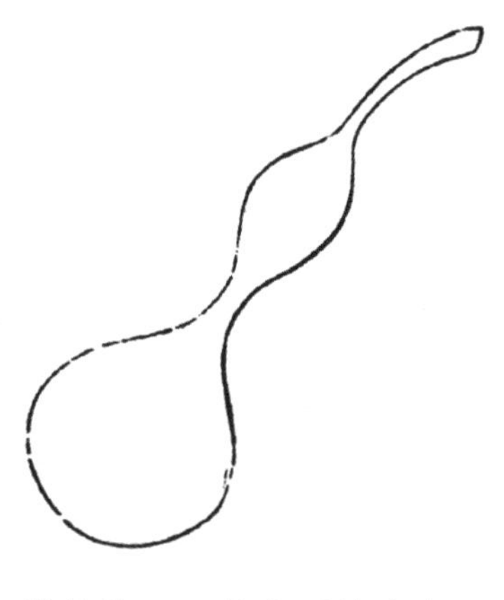

胡员外——量水用的水勺

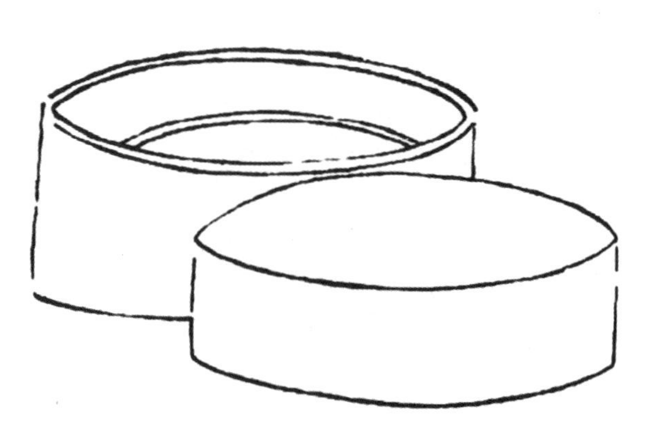

罗枢密——筛茶用的茶罗

宗从事——清茶用的茶帚

漆雕秘阁——盛茶末用的盏托

陶宝文——茶盏

汤提点——注汤用的汤瓶

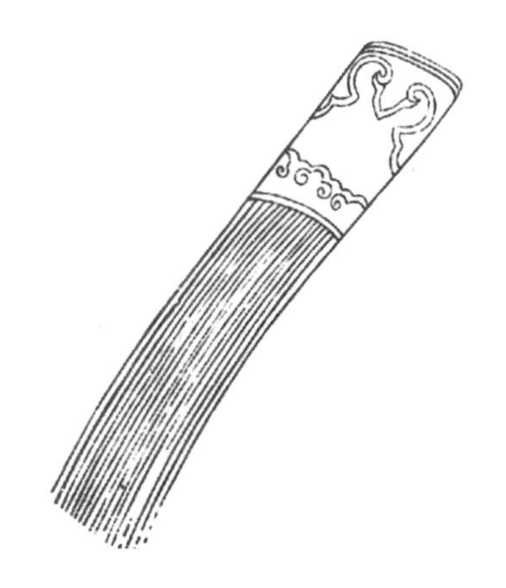

竺副帅——调沸茶汤用的茶筅

司职方——清洁茶具用的茶巾

第四节　茶文化经典的美学化

宋代是中国茶产业和茶文化繁荣发展的关键时期，推动茶叶产业化的主要因素有如下几点：一是随着城市商业经济的发展，饮茶的大众化、普及化，茶叶需求不断增加；二是贡茶的生产制作，更加专门化、制度化。茶学著述如雨后春笋般涌现，是伴随茶叶的产业化而繁荣发展的。

宋代茶论著作繁多，主要有蔡襄的《茶录》、宋子安的《东溪试茶录》、熊蕃的《宣和北苑贡茶录》、赵汝砺的《北苑别录》、审安老人的《茶具图赞》、宋徽宗的《大观茶论》、黄儒的《品茶要录》、陆师闵的《元丰茶法通用条贯》、尚书省《政和茶法》；散佚者更多，主要有丁谓《北苑茶录》三卷、刘异《北苑拾遗录》一卷、周绛《补茶经》一卷、范逵《龙焙美成茶录》一卷、吕惠卿《建安茶记》一卷、王端礼《茶谱》一卷、王庠《蒙顶茶记》一卷、沈立《茶法易览》十卷、李稷《茶法敕式》、桑庄《茹芝续茶谱》、蔡宗颜《茶山节对》一卷、曾伉《茶苑总录》十二卷、章炳文《壑源茶录》一卷、林特等编辑《茶法条贯》、蔡京《崇宁茶引法》《崇宁茶法条贯》《崇宁福建路茶法》《治平通商茶法》《元丰水磨茶场茶法》《大观七路茶法》《大观更定茶法》《北苑修贡录》《北苑煎茶法》等。

总体而言，异彩纷呈的宋代茶论著作中，尤以蔡襄《茶录》为主要代表，体现如下审美特征：

一、注重茶色之美

宋茶尚白，茶汤以色白为美。蔡襄《茶录》上篇“茶论”论茶的色、香、味之美，而论其茶色云：“茶色贵白，而饼茶多以珍膏油其面，故有青黄紫黑之异。善别茶者，正如相工之视人气色也，隐然察之于内，以肉理润者为上。既已末之，黄白者受水昏重，青白者受水详明，故建安人斗试以青白胜黄白。”然而，下篇论茶盏时又云：“茶色白，宜黑盏，建安所造者，绀黑，纹如兔毫，其胚微厚，熁之久热难冷，最为要用。”

宋子安《东溪试茶录》之论壑源南山茶，云：其“土皆黑埴，茶生山阴，厥味甘香，厥色青白，及受水，则醇醇光泽。视其面，涣散如粟。虽去社芽叶过老，色益青明，气益郁然。”黄儒《品茶要录》之“采造过时”云：“凡试时泛色鲜白，隐于薄雾者，得于佳时而然也”，而“试时色非鲜白、水脚微红者，过时之病也”。宋徽宗《大观茶论》论茶色云：“点茶之色，以纯白为上真，青白为次，灰白次之，黄白又次之。天时得于上，人力尽于下，茶必纯白。”罗廪的《茶解》指出：“茶须色、香、味三美具备。色以白为上，青绿次之，黄为下；香以兰为上，如蚕豆花次之；味以甘为上，苦涩斯下矣。”等等。

二、关注贡茶之美

宋代茶论多为皇家贡茶而作，总结贡茶采造烹煮的工艺之美，几乎成为宋代茶论著述的风尚。蔡襄《茶录》前后有序，分述写作与上奏皇帝的目的，在于总结“小龙团”茶烹煮经验，上篇为茶论，总述茶之色、香、味与藏茶、炙茶、碾茶、罗茶、候汤、熁盏、点茶等等；下篇为器论，简述茶焙、茶笼、砧椎、茶钤、茶碾、茶盏、茶匙、汤瓶。较之唐代陆羽《茶经》，更切合宋代贡茶与茶饮生活实际。所述虽简，如语录条目，内容却很翔实全面。

熊蕃的《宣和北苑贡茶录》，主要论述北宋宣和年间北苑贡茶发展的历史脉络与贡茶龙团凤饼的制作，并且附之以北苑贡茶精美别致的茶饼图录。其龙茶设计制作的形态之美，与表面雕龙绘凤的图案花纹之美，是历代茶叶形态美学与制作美学中的妙品，令人叹为观止。其他如丁谓《北苑茶录》三卷、赵汝砺的《北苑别录》、宋徽宗《大观茶论》、黄儒《品茶要录》、刘异《北苑拾遗录》一卷、周绛《补茶经》一卷、范逵《龙焙美成茶录》一卷，也都为贡茶之美张目，蔚为大观。

三、关注建茶之美

建茶，因出产于建州（今福建建瓯）而得名，创制于唐代，发展于五代，鼎盛于宋代，是宋代皇家贡茶最主要的源头，也是宋代茶论与茶诗的歌咏重要描述对象。张舜民《画墁录》云："有唐茶品，以阳羡为上供，建溪北苑味著也。贞元中，常衮为建州刺史，始燕而焙之，谓'研膏茶'"。周绛《茶苑总录》云："天下之茶建为最，建之北苑又为最。"茶诗盛赞建茶之美者甚多，且多以"建溪""建安雪""建溪春"等为喻，陆游《建安雪》有诗云："建溪官茶天下绝，香味欲全须小雪。"

建茶之美甚者，既得力于贡茶制作之美，也受益于建溪山川形胜之美。故宋子安《东溪试茶录》云："堤首七闽，山川特异，峻极回环，势绝如瓯。其阳多银铜，其阴孕铅铁，厥土赤坟，厥植唯茶。会建而上，群峰益秀，迎抱相向，草木丛条，水多黄金。茶生其间，气味殊美。岂非山川重复，土地秀粹之气钟于是，而物得以宜欤？"又指出："建安茶品，甲于天下，疑山川至灵之卉，天地始和之气，尽此茶矣！"

四、关注茶具之美

茶具，是茶的主要载体，茶具之美，才能呈现出茶叶、茶水之美。宋代茶论特别关注茶具，蔡襄《茶录》

下篇论茶器，涉及茶焙、茶笼、砧椎、茶铃、茶碾、茶罗、茶盏、茶匙、汤瓶。宋徽宗《大观茶论》亦以大量篇幅论茶器，如罗碾、茶盏、茶筅、茶瓶、茶杓。引人瞩目的是，审安老人的《茶具图赞》之论茶具，以人的官职为比喻，茶罗、茶碾、茶磨等十二种茶具，被称作“十二先生”，有名、有字、有号、有图示、有赞辞，赋予茶具以无限的生命力，在其《茶具图赞》中，茶具之美，美在生命。如其论茶炉，命名为“韦鸿胪”，姓名为“文鼎”，字景旸，号四窗闲叟。其赞辞曰：“祝融司夏，万物焦烁，或炎昆冈，玉石俱焚，乐尔无与焉。乃若不使山谷之英，坠于涂炭，子与有力矣。上卿之号，颇著微称。”雅俗共赏，妙趣横生。

五、注重茶法之立

茶为南方嘉木，茶叶生产一旦成为产业，就给这片叶子插上了腾飞的翅膀，成为汉民族与周边少数民族，中国与东亚、西洋各国文化交流的媒介和桥梁。

中国茶叶之东传日本，肇始于唐代留学日僧空海与最澄两位大和尚。他们是中国茶叶与中国茶文化在日本最早的传播者。日历弘仁四年，留学归国的空海和尚《奉献表》于日本嵯峨天皇，汇报自己在中国的留学生活，云：“观练余暇，时学印度之文；茶汤坐来，乍阅振旦之书。”他与最澄和尚回国时都将中国茶种与茶碾等带回日本，最澄将中国茶种种植在京都附近的“日吉神社”旁边，变成日本最早的茶园，至今还立有“吉茶园”之碑。宋金时期，荣西和尚两度来到中国学习儒学、禅学与茶学，回国后以汉文撰写了《吃茶养生记》，被日本尊为日本茶道的开山之祖。

茶叶与丝绸，是古代中国出口贸易的重要产业。茶叶交易，肇始于唐代成都与浮梁的茶市，而茶叶贸易，则起源于西北地区的茶马互市。宋代在西夏边关设立西夏榷场，并设立茶马司，负责在西北、西南地区加强以茶易马的茶马贸易，明清在四川雅安设立马市古茶场，清代在云南北胜州设立茶马贸易集市，终于形成了从西北与西南通往西藏与南亚、中亚的“茶马之路”。这条“茶马之路”，与古代的丝绸之路交叉辉映，是古代中国与南亚、中亚乃至西欧的文化交流之路。

中国茶文化兴于唐而盛于宋，宋代实行茶叶专卖制度，由官府统一经营，立法掌管茶叶产销。故宋代茶论颇多论茶法者，如蔡京《崇宁茶引法》《崇宁茶法条贯》《崇宁福建路茶法》《治平通商茶法》《元丰水磨茶场茶法》《大观更定茶法》等。宋代第一部茶政法典，是宋初林特等编辑《茶法条贯》，这是宋初推行榷茶制度的诏令汇编，而后的《政和茶法》，是蔡京主持茶法改革以来宋代茶叶政策法规的汇总，包括水磨茶法、园户茶商交易法、茶商持引贩卖法、长短引法、茶价确定法、蜡茶通商法，以及赏罚则例等，是现存中国最早且最完整的一部茶政法典。茶法之立，为茶产业的发展和茶文化的兴盛起到了积极的推动作用。

第四章　蔡襄《茶录》的评价与影响

第一节　历代评论蔡襄《茶录》

蔡襄著《茶录》，历代文人学士对此推崇备至，现将历代对蔡襄《茶录》的价值评论略述如下。

一、樊纪是识得《茶录》价值的“第一人”

蔡襄于宋仁宗皇祐年间撰写《茶录》，并将其进呈皇帝御览，结果杳无声息。后来，他知福州时，手稿被府内掌书记所窃，竟没办法补救，只能徒呼奈何，因为事隔久远，已基本上忘记了《茶录》中所写的内容。此时，怀安县令却在市场上购得蔡襄《茶录》手迹，细读之下，知道这篇手稿内容丰富，遂出资将此刊刻发行，公诸同好，从而使《茶录》重现天日。后来，蔡襄收到樊县令刻本，一是惊喜，手稿失而复得；二是郁闷，书中内容多有谬误，这促使蔡襄决定“追念先帝顾遇之恩，揽本流涕，辄加正定，书之于石，以永其传”。事实上，蔡襄在重新修订《茶录》，将其刻石之后，又进呈给仁宗之子英宗，遂使此版《茶录》大行于天下，流传至今。因此，樊纪对于蔡襄《茶录》的再现和传播，是有积极贡献的。

二、彭乘认为“建茶”出名功自蔡襄始

彭乘，字利建，益州华阳（今四川成都）人。宋真宗大中祥符五年（1012）进士，授汉阳军判官。天圣八年（1030），以集贤校理知普州。宝元元年，同判刑部，出知安州，后擢知制诰，累迁工部郎中、翰林学士。庆历年间，为群牧使。

据彭乘《墨客挥犀》记载：“蔡君谟，议茶者莫敢对公发言，建茶所以名重天下，由公也。后公制小团，其品尤精于大团。”意思是对于蔡襄，议论茶叶的人没有敢在他面前说话的，建安茶叶之所以能够声名鹊起，乃是因为有蔡襄支撑和推动。后来，他精心制作出“小龙团”茶，其品质要比“大龙团”更加精致考究。随后，彭乘又特意举了蔡襄在蔡叶丞家中以味辨别大小龙团的

故事，说明蔡襄在茶学方面的造诣之深，令人叹为观止。

蔡襄曾多次书写《茶录》，不仅是推崇福建茶叶，而且推广了福建茶文化，丰富了宋代茶文化的内涵。刘克庄云："余所见《茶录》凡数本，暮年乃见绢本，岂公自喜此作，亦如右军之于《禊帖》屡书不一乎？"可惜墨迹均不存，现在今人所能见到的即为蔡襄晚年重书付刻本和翻刻本。君谟正定之本应为宋蝉翅拓本，此时距《茶录》完稿十三年之久，距他去世（宋英宗治平四年，即1067年）仅四年，可谓人书俱老，所以论《茶录》当取"宋蝉翅拓本"，其余翻刻本可存而不论。宋蝉翅拓本为经折装，计八开半，每半开高21.8厘米，宽11.9厘米。现仅存序、上篇论茶及下篇论茶器中的"茶焙""茶笼""砧椎""茶钤""茶碾"等部分，凡82行，不足千言。缺"茶罗""茶盏""茶匙""汤瓶""后序"五部分，及"方孚若家藏刘克庄观"九字题款。

作为当世书法名家的蔡襄，每次挥毫作书必以茶为伴。欧阳修深知蔡襄嗜茶爱茶，在请蔡襄为他书《集古录目序》刻石时，以大小龙团及惠山泉水作为"润笔"。蔡襄得而大为喜悦，笑称是"太清而不俗"。蔡襄年老因病忌茶时，仍"烹而玩之"，茶不离手。病中他万事皆忘，惟有茶不能忘，正所谓"衰病万缘皆绝虑，甘香一事未忘情"。

苏轼认为蔡襄制“小龙团”是劳民伤财，有谄媚君王之嫌，写诗有：“君不见武夷溪边粟粒芽，前丁（丁谓）后蔡相宠加。争新买宠各出意，今年斗品充官茶。”颇多个人成见，后来，茶税在北宋成为朝廷财政的主要税收之一，茶法为后世相传，茶文化今广泛流行于中国、日本、东南亚地区。现今，中国茶叶出口到世界各地，茶文化也随之广泛传播，一直扮演着东西方文明使者的重要角色，早已成为中国与世界链接的文化名片，蔡襄《茶录》功不可没！

三、《茶录》是继《茶经》之后“最有影响的茶书”之一

“茶圣”陆羽《茶经》的问世，开创了为茶写书之宗。我国不但是世界上最早撰写茶书的国家，也是历史上撰写茶书最多的国家。从唐代陆羽著《茶经》算起，至清末程雨亭的《整饬皖茶文牍》为止，我国历史上列印的各类茶书共近百种。最近有学者在校补《中国茶叶历史资料选辑》的过程中，从其他茶书和方志里，又意外地发现了唐斐汶撰的《茶述》，宋桑尼茹荥撰的《续谱》和明无名氏撰的《茗笈》等茶书。然而，从其内容细察，以历史观点分析，蔡襄《茶录》是继陆羽《茶经》之后最有影响力的茶书之一。特别是陆羽在《茶经》中没有记述的“建安之品”，蔡襄在他的《茶录》中对“建

安之品”做了详尽的论述，以补其缺。

古往今来的近百部茶书中，以蔡襄所撰者最为独特。蔡襄《茶录》被古今许多丛书所收集，如《百川学海》《丛书集成》《说郛》《格致丛书》《古今图书集成》《蔡忠惠公集》《古香斋藏蔡帖》《蔡忠惠公法集》《茶书全集》《百名家书》《五朝小说》《后四十家小说》《中国茶叶历史资料选集》等丛书，均有收集，可见蔡襄《茶录》对后世的影响力。

蔡襄《茶录》全面地论述了对当时流行的龙团凤饼所做的重要创新，尽管具时代局限性，但其功不可没。他亲制的“小龙团”茶饼，因品质优异，价值黄金二两，可见品质之优，制茶技术之高超。欧阳修在为《茶录》写的《龙茶录后序》中也对他创制的“小龙团”茶做了极高的评价：

茶为物之至精，而小团又其精者，录序所谓上品龙茶是也。盖自君谟始造而岁贡焉。仁宗尤所珍惜，虽辅相之臣，未尝辄赐，惟南郊大礼致斋之夕，中书、枢密院各四人共赐一饼，宫人剪金为龙凤花草贴其上，两府八家分割以归，不敢碾试，但家藏以为宝，时有佳客，出而传玩尔。至嘉祐七年，亲享明堂，斋夕，始人赐一饼。余亦忝预，至今藏之。余自以谏官供奉仗内，至登二府，二十余年，才一获赐。而丹成龙驾，舐鼎莫及，每一捧玩，清血交零而已。因君谟著录，辄附于后，庶知小团自君谟始，而可贵如此。

由此可见，欧阳修对蔡襄创制的“小龙团”的钟爱，溢于言表。

蔡襄本身就是品茶高手，所以他在《茶录》“上篇”中强调所制的茶要达到高品质，必须注意茶的色、香、味、藏茶、炙茶、碾茶、罗茶、候汤、熁盏和点茶等，而品尝更要注意多方面的茶事。因此，在“下篇”中，按自己的理论与实践，强调茶焙、茶笼、砧椎、茶铃、茶碾、茶罗、茶盏、茶匙和汤瓶等诸方面。

蔡襄《茶录》的问世，大大提高了我国古代的茶文化水平，一时斗茶“品茗”之风盛行。宋代茶文化的繁荣，皆源自蔡襄和一众文人墨客的积极推广和大力传播。实际上斗茶除了士大夫的逸情雅致外，还是为了从中选出应征的官茶，这有诗为证。苏东坡在他的《荔枝叹》中咏道：“武夷溪边粟粒芽，前丁后蔡相宠加。争新买宠各出意，今年斗品充官茶。”而蔡襄就是鉴茶高手，每次品茶总是他夺魁，因为他最懂得“器为茶之父，水为茶之母”的道理，选取最佳的水、最适宜的器皿来泡茶，讲究人、茶、水、器、境、艺六要素的和谐，从而为后世中国茶文化的传播奠定了坚实的基础。

第二节　历代评论蔡襄与茶事

一、评蔡襄亲制“小龙团”

蔡襄撰写《茶录》《荔枝谱》这两部传世佳作，意义深远。由于茶叶自唐宋以来就声名日盛，从宫廷贵族走向草野民间，令人遗憾的是，蔡襄《茶录》固然名扬四海，但与《茶录》相关的“小龙团”制作则屡遭非议，尤以苏东坡的“前丁后蔡”之评为尖刻，流传至今。蔡襄身为福建转运使，主管北苑茶务，做好贡茶事业本属分内之事，但因他做出来的“小龙团”太过精致，耗费巨大，故有些不同声音也在所难免。

欧阳修与蔡襄同年登第，遂有同年之谊。景祐年间（1034—1037），范仲淹任天章阁待制、尚书吏部员外郎、权知开封府，以天下为己任，投身政治改革，向仁宗皇帝上书《百官图》，批评宰相吕夷简把持朝政、以权谋私，吕夷简则指斥范仲淹越级言事、勾结朋党、离间君臣。最终，范仲淹被免去待制职衔，逐出朝廷，贬为饶州知州。

当时，集贤校理余靖上疏《论范仲淹不当以言获罪》，馆阁校勘尹洙则上《乞坐范天章贬状》，馆阁校勘欧阳修则致书谏官高若讷，斥责他作为谏官而“俯仰默默，无异众人”。这时，蔡襄奋不顾身，作《四贤一不肖》诗，盛赞范仲淹、余靖、尹洙和欧阳修为“四贤”，而斥高若讷为“不肖”，其诗竟至风行天下，甚至被辽国使节带回国。后来，蔡襄与欧阳修等人因此结下了深厚的友谊，这从欧阳修推崇蔡襄书法，言“自苏子美（苏舜钦）死后，遂觉笔法中绝。近年君谟独步当世，然谦让不肯主盟”（《苏子美蔡君谟书》），极尽褒美。后来，欧阳修还为蔡襄弟弟、蔡襄母亲及蔡襄本人作墓志铭，足见相识之深。

可是，据苏东坡的《荔枝叹》自注记载：“大小龙茶始于丁晋公，成于蔡君谟。欧阳永叔闻君谟进小龙团，惊叹曰：‘君谟士人也，何至作此事？’今年闽中监司乞进斗茶，许之。”意思是，欧阳修听说蔡襄向朝廷进贡小龙团，而此小龙团的制作极其繁复、精致，耗费极大，因此，他十分惊讶地说：“蔡君谟是士人啊，怎么会做这种事情呢？”其弦外之音，就是蔡襄应该爱惜民力才对。然而，蔡襄时任福建转运使，负责北苑贡茶，亲制“小龙团”乃职责所在，各人所持的立场不同，看待事物的角度有别，所得出的结论也自有差异。

二、富弼的“仆妾说”

富弼，字彦国，洛阳人。他比蔡襄年长八岁，二人相知于宋仁宗“庆历新政”时期。富弼于天圣八年（1030）举茂才异等，历授将作监丞、直集贤院、知谏院等职。庆历二年（1042），奉命出使辽国时，以增加岁币为条件，据理力争，拒绝割地要求。庆历三年（1043），范仲淹、富弼、韩琦同时执政，欧阳修、蔡襄、王素、余靖同为谏官。庆历四年（1044），更定科举法。另外，还颁布减徭役、废并县、减役人等诏令。由于新政触犯了贵族官僚的利益，因而遭到他们的阻挠。次年初，范仲淹、韩琦、富弼、欧阳修等人相继被排斥出朝廷，各项改革也被废止，新政彻底失败。当时，富弼被贬知郓州、青州，蔡襄则仍在京为官，为馆阁校勘，直至五年（1045）才出知福州。

庆历七年（1047），蔡襄自福州任上改为福建转运使，主管北苑贡茶，也就是在这一年，蔡襄以自己生平所学的茶叶知识，经过集合北苑老茶农的智慧，改造丁谓所制作的精品贡茶大龙团，使之成为“小龙团”。当蔡襄将“小龙团”进贡朝廷后，仁宗皇帝品尝后，龙颜大悦，随即赞为“上品龙茶”，并特旨要求“仍岁贡之”。足见当时皇帝对“小龙团”的赞誉与钟爱。

至和二年（1055），富弼拜相，当时蔡襄知开封府。6年后，即嘉祐六年（1061）三月，富弼因其母亲去世，遂辞去宰相之职，回家守孝三年。其时，蔡襄蒙召自福建还京，在途中曾作《嘉祐辛丑蒙召还京二月八日道过陆氏之门，因观小阑花卉》诗一首，诗曰："风色微和日昼明，小阑花卉新芽生。行人不是爱春物，一见芳丛似有情。"四月二十八日，加授权三司使职，蔡襄作《辞权三司使表》，诏答不允，富弼写信给蔡襄，替母亲求墓志铭，终未如愿。

三、评苏轼"前丁后蔡说"

苏轼被贬谪广东惠州后，写了多首荔枝诗，尤以《食荔枝》和《荔枝叹》为著。其中，他在《荔枝叹》中，一边无情地痛批了古代贡荔枝的行为，一边剑指当朝贡茶，非常犀利地将前朝老臣丁谓、蔡襄、钱惟演等人进行批判一番，影响甚广。其内容如下：

十里一置飞尘灰，五里一堠兵火催。
颠坑仆谷相枕藉，知是荔枝龙眼来。
飞车跨山鹘横海，风枝露叶如新采。
宫中美人一破颜，惊尘溅血流千载。
永元荔枝来交州，天宝岁贡取之涪。
至今欲食林甫肉，无人举觞酹伯游。
我愿天公怜赤子，莫生尤物为疮痏。
雨顺风调百谷登，民不饥寒为上瑞。
君不见，武夷溪边粟粒芽，前丁后蔡相宠加。

争新买宠各出意，今年斗品充官茶。

吾君所乏岂此物，致养口体何陋耶？

洛阳相君忠孝家，可怜亦进姚黄花。

诗中那句“前丁后蔡”的总结性批评，引起许多人的共鸣，世代流传。于是，蔡襄与丁谓一道，背负了借茶“买宠”的骂名。苏轼的文名甚盛，才情颇高，又令人无可辩驳。如果单论借茶“买宠”而言，在蔡襄后任者，诸如贾青的“密云龙”，郑可简的“龙团胜雪”，那是做到了极致，然此二人名声不大，何哉？非名人也。蔡襄成名甚早，《四贤一不肖》组诗誉满天下，声名远播异邦；其书法又有“当朝第一”之誉，绝非泛泛之辈。再说丁谓（字公言，小字谓之，苏州府长洲县人），宋太宗淳化三年（992）进士，累官至宰相，有奸臣之谓，与王钦若、陈彭年、刘承规、林特等人在真宗大中祥符年间被合称“五鬼”，那么，蔡襄与此种人并列，形成了鲜明的反差，“前丁后蔡”之说，一经传出，影响甚深。

后来，也有许多人尝试着替蔡襄辩解，且看《兴化府志》辩言：“论者谓君谟学行政事高一世，独贡茶一事，比于宦官宫妾之爱君。而闽人岁劳费于茶，贻祸无穷，苏长公亦以进茶讥君谟，有‘前丁后蔡’之语，殊不知理欲同，行异情，蔡公之意主于敬君，丁谓之意主于媚上，不可一概论也。”

后曾子固（即曾巩）在福州，亦进荔枝未可少也。此论大抵中肯不偏，但蔡襄步奸佞之后尘，作进贡之美事，兼有卓才特行，自然备受关注。一如前述，贾青、郑可简也是福建转运使，为什么他们进北苑贡茶，改造“小龙团”，反响不大呢？同理，曾巩固然也有进贡荔枝之举，那只是遵行旧制，在贡荔这件事情上，他没有创新，没有特别的行为，其社会影响力就小很多了。另外，苏轼是当时的文坛顶流，普通的批评之士，又岂能胜得过他呢？因此，在进贡这件事情上，贾青、郑可简、曾巩不是没被人批评，而是批评者缺乏力度而已。因此，苏轼对蔡襄的评价，是有所偏颇的。

四、李新的“开贡献之门说”

李新，字符应，仙井（今四川仁寿）人。北宋知名画家刘泾（简州阳安人）曾将他推荐给苏轼，故有苏轼门人之说。崇宁元年（1102），李新被划入以苏轼为首的“元祐党人”队伍中，累官承议郎、南郑丞。宣和五年（1123），为茂州通判。

同年二月十五日，李新翻阅了蔡襄的《茶录》，并作题跋称：

蔡公是本朝第一等人，非独字画也。然玩意草木，开贡献之门，使远民被患，议者不能无遗恨于斯。宣和五年仲春既望，李某题。

李新引述“议者”的观点来叹惜蔡襄，并非空穴来风，但他说蔡襄“玩意草木，开贡献之门”。如果蔡襄实是虚应旧制，那也是可以的，不过蔡襄认真钻研贡苑制作，并据此有所改进及创新，其精神是值得肯定的。反之，如果站在蔡襄于朝中有道德人望，却甘为此等小事，带偏风气，倒也不无道理。由此可见，作为正人君子，一定要从大处着手，有所为，有所不为。身后事，自有后人评说。

五、僧惠洪的“作俑说”

僧惠洪，一名德洪，字觉范，筠州人。宋徽宗大观中，游丞相张商英之门。商英败，惠洪亦坐累谪。著有《冷斋夜话》。该书体例介于笔记与诗话之间，但以论诗为主。论诗多称引元祐诸人，以苏轼、黄庭坚为最，书中多通过引述诗句提出并阐述些诗歌理论：

予观东坡《荔枝叹》注云：大小龙茶，始于丁晋公，而成于蔡君谟。欧阳永叔闻君漠进龙团，惊叹曰：“君谟士人也，何至作此事？”今年闽中监司乞进斗茶，许之，故其诗云：“武夷溪边粟粒芽，前丁后蔡相宠加。争买龙团各出意，今年斗品充官茶。”则知始作俑者，大可罪也。

按照僧惠洪的《冷斋夜话》中所记载及其评论，显然他也是深受苏轼“前丁后蔡”思想的影响，遂得出了“则知始作俑者，大可罪也”的结论，亦有偏颇。

六、陈东的“旅獒说”

陈东，字少阳，镇江丹阳人。陈东自称“自五世以来，以儒嗣其业”，宋崇宁二年（1103）入学，徽宗政和三年（1113）入太学。当时，蔡京用事专权，横行霸道，无人敢责，只有陈东无所隐讳。宣和七年（1125）十月二十七日，上书请诛蔡京、童贯、王黼、梁师成、朱勔、李邦彦等“六贼”，以谢天下，一时天下闻名。就是这样一个人，据其《跋蔡君谟〈茶录〉》一文介绍：“余闻之先生长者，君谟初为闽漕时，出意造密云小团为贡物，富郑公闻之，叹曰：‘此仆妾爱其主之事耳，不意君谟亦复为此！’余时为儿，闻此语，亦知感慕。及见《茶录》石本，惜君谟不移此笔书《旅獒》一篇以进。”

意思是，他在年少时，听“先生长者”说，蔡襄在担任福建转运使时，奉旨亲制“小龙团”作为贡品，富弼闻讯，感叹说：“这是仆妾爱护他们主人所乐意做的事情，没想到蔡君谟也会这样做。”后来，等到有机会看到蔡襄《茶录》的石刻拓本，开始替蔡襄感到惋惜，认为以其深厚的书法造诣，为什么不用这支笔去写一篇类似《旅獒》的文章，用于进呈皇帝，进谏奋发有为呢？由此可见，陈东不仅不赞成蔡襄制作“小龙团”，而且不赞成蔡襄著《茶录》。这实际上是比较偏激的想法。

陈东所说的《旅獒》内容，出自《尚书》，其核心思想是小事情上不知检点，终有一天会损害大德的。这话有一定的道理，但当时蔡襄在福建转运使任上，做好贡品进贡，是他的职责所在，在其位，谋其政，术业有专攻，岂能懈怠？

七、罗大经的“宦官宫妾爱君说”

罗大经，字景纶，吉州吉水（今江西省吉水县）人。宋理宗宝庆二年（1226）进士，历仕容州法曹、辰州判官、抚州推官。在抚州任上被弹劾罢官，遂不再仕，著《鹤林玉露》与《易解》十卷。当罗大经在编辑《鹤林玉露》时，特意将蔡襄制作“小龙团”一事载入书中，后引述苏轼“前丁后蔡”的部分诗句，继而追加评论说：“茶之为物，涤昏雪滞，于务学勤政，未必无助。其与进荔枝、桃花者不同，然充类至义，则亦宦官宫妾之爱君也。”罗大经既引述了苏轼的“前丁后蔡”的诗句，自然就认同苏轼的批评观点，随后他所生发的感叹，又怎么会美词佳句呢？果不其然，他将蔡襄进贡“小龙团”之事视与皇宫大内里皇帝的妾室爱君相类似。其原文如下：

陆羽《茶经》，裴汶《茶述》，皆不载建品。唐末，然后北苑出焉。本朝开宝间，始命造龙团，以别庶品。厥后丁晋公漕闽，乃载之《茶录》。蔡忠惠又造小龙团以进。东坡诗云："武夷溪边粟粒芽，前丁后蔡相笼加……吾君所乏岂此物，致养口体何陋耶？"茶之为物，涤昏雪滞，于务学勤政，未必无助。其与进荔枝、桃花者不同，然充类至义，则亦宦官宫妾之爱君也。忠惠直道高名，与范、欧相亚，而进茶一事，乃侪晋公，君子之举措，可不谨哉？

客观地讲，罗大经对蔡襄本人的寄望还很高的，他认为蔡襄也算是一位能够与范仲淹、欧阳修等人的声望名誉相媲的人，应该以其他适当的方式来表现忠君之心，但他却选择"小龙团"作为贡茶，与"天下目为奸邪"的丁谓成了同道中人，确实匪夷所思。罗大经的评论也从某种程度上说明了蔡襄及《茶录》在当时社会的影响力。至于批判之辞，仁者见仁，亦是一家之言而已。

八、鲜于枢的"不可同言说"

鲜于枢，字伯机，大都（今北京）人，一说渔阳（今津蓟州区）人。元大德六年（1302）任太常典薄。元世祖至元年间以才选为浙东宣慰司经历，后改浙东省都事。善诗文，工书画。尤工草书，酒酣吟诗作字，奇态横生，赵孟頫极推重之。著有《困学斋杂录》《困学斋诗集》。鲜于枢看到蔡襄书法，细品之下，心中难免有些激动，遂慨然提笔作跋，其跋曰：

蔡忠惠公书为赵宋法书第一，此玉局老语也。今观此帖，蔼然忠敬之意见于声画，不可与《茶录》《牡丹谱》同言也。

在鲜于枢的跋语中，所谓“玉局”，是指苏轼。苏轼晚年遇赦北归后，曾提举玉局观。鲜于枢认为，苏轼将蔡襄的书法推崇为“赵宋法书第一”，现在来看蔡襄的书法，“蔼然忠敬之意见于声画”，即用人品来对应书品，意思是眼前这幅书法让人联想到蔡襄忠直而值得尊敬的品性。可是，接下来鲜于枢笔锋一转，说了一句“不可与《茶录》《牡丹谱》同言也”，意思是说《茶录》和《牡丹谱》那种为讨好皇帝而作的文章没法与这个相比，其言外之意，不可避免地指向了“小龙团”，毕竟蔡襄的《茶录》与“小龙团”犹如硬币的一体两面，有“小龙团”，就会催生出《茶录》；提到《茶录》，自然而然要说到“小龙团”。因此，按照鲜于枢开门见山地点出“玉局老语”，其评论蔡襄办理茶务，又怎能不受苏轼“前丁后蔡”的影响呢？

九、郑板桥的“天上贡说”

郑板桥，原名郑燮，人称板桥先生，江苏兴化人。康熙秀才，雍正十年（1732）举人，乾隆元年（1736）

进士。官置山东范县、潍县县令，政绩显著，后客居扬州，以卖画为生，为“扬州八怪”重要代表人物。有一次，兖州太守给他送来八饼建溪饼，他分外高兴，立刻赋诗一首《兖州太守赠茶》：“头纲八饼建溪茶，万里山东道路赊。此是蔡丁天上贡，何期分赐野人家。”

诗中表达了他接到兖州太守赠茶的三重喜悦之心，一是有幸品尝到建溪新茶，二是友人赠茶路途遥远，足见情谊深重，三是建溪茶素为贡茶，来之不易，岂是一般人所能接受的？

相对来说，郑板桥是历史上少能将“丁蔡”并称，却不带激烈的批判情结的人。当然，他之所以要将“丁蔡”改为“蔡丁”，主要是为了诗的格律着想，另外也可能是受苏轼的影响，以为建溪茶就是由“前丁后蔡”二人撑起来的，遂将此二人自然并称。可是，北苑茶自元明以后，就不是很珍贵了，而郑板桥还将它们视为珍品，大抵是基于它们昔日曾经是皇家贡茶的考虑。

十、刘墉的“可惜说”

刘墉，字崇如，号石庵，山东诸城人。清乾隆十六年（1751）进士，官至体仁阁大学士，并在乾隆嘉庆两朝任相国凡十一年，甚受帝皇宠幸。谥文清。书法魏晋，笔意古厚，与翁方纲、王文治、梁同书同为“清四大书家”。著有《石庵诗集》，他在《论书绝句》中，一方面对蔡襄的《茶录》书法颇为认同，另一方面则对苏轼将其与丁谓同列深表惋惜。其诗曰：“岂惟手拣龙团茗，更与殷勤谱荔枝。可惜端明名下士，蔡丁同入长公诗。”当然，刘墉在诗中本意是论书法，并不讨论蔡襄悉心改造北苑贡献，因此，他对蔡襄名列苏轼的“前丁后蔡”中有些惋惜，毕竟蔡襄对当地民生和茶产业的发展还是有积极贡献的。

十一、董天工的“千古污说”

董天工，字村六，号典斋，福建崇安（今武夷山市）人。清雍正元年（1723）拔贡，先后担任福建宁德、河北新化县司铎、山东观城知县。在河北任职期间，协助当地官府治理蝗灾立功，升任安徽池州知府。晚年曾跨海东渡到台湾彰化县创办学校，广收学生，自任教谕，自编教材，普及文化教育，编写《武夷山志》《台湾见闻录》四卷等。

董天工在《武夷山志》中，收入了自己的《贡茶有感》，他在诗中盛赞北苑贡茶，但受苏轼“前丁后蔡”评论影响，错误地认为御茶园精制贡茶，取悦天子，源于进献贡茶的蔡襄，并对蔡襄进行了抨击，其诗曰：“武夷粟粒芽，采摘献天家。火分一二候，春别次初嘉。壑源难比拟，北苑敢矜夸。贡自高兴始，端明千古污。”

事实上，北苑贡茶并非始于蔡襄进贡，蔡襄制作“小龙团”是职责所在，当然在一定程度上加重了茶农的负担也在情理之中，这有历史的局限性。不过，由于御茶园悉心栽培和精工制作贡茶，使北苑贡茶的品质益精，独秀于茶坛，称雄于建州，为世人青睐，对后世茶文化的推广起到了积极作用，其客观功绩还是不可磨灭的。

第三节　《茶录》与历代贡茶

一、关于茶与贡茶

贡茶，是地方官向皇帝与皇室朝贡当地所产的名茶。贡茶的出现，是中国封建社会宗法制度的产物。以茶朝贡，一般认为始于晋代。宋人《本草衍义》卷十四记载："晋温峤上表，贡茶千斤，茗三百斤。"这是关于贡茶最早的文献记载，而后，唐宋元明清各朝各代，贡茶现象一直伴随着中国茶发展的始终，成为中国茶文化发展进程中一种独特的文化现象。

贡茶历史悠久，"武王既克殷，以其宗姬于巴，爵之以子……鱼、盐、铜、铁、丹漆、茶、蜜……皆纳贡之"（常璩《华阳国志》）。魏晋南北朝时，有吴兴"温山出御荈"（山谦之《吴兴记》）。中唐以后，陆羽《茶经》中关于"紫者上，笋者上"的说法广为流传，由此湖州顾渚紫笋茶声名鹊起，"牡丹花笑金钿动，传奏吴兴紫笋来"（张文规《湖州贡焙》）。这些都得益于陆羽的推广和传播，湖州紫笋茶得以跻身皇家贡茶序列。

宋代贡茶进入新的发展时期，特别是宋徽宗赵佶的极力推崇，以皇帝之尊亲撰《大观茶论》一书，言"本朝之兴，岁修建溪之贡，龙凤团饼，名冠天下；蝥源之品，亦自此盛”。北苑贡茶的繁荣，从北苑贡茶典籍之盛，亦可见之。除了赵佶《大观茶论》外，蔡襄《茶录》，宋子安《东溪试茶录》，黄儒《品茶要录》，熊蕃、熊克《宣和北苑贡茶录》，赵汝砺《北苑别录》等付梓刊刻。这些文献记录了贡茶历史沿革、贡茶制作与品饮等情况。

贡茶，是中国历代茶叶中的极品，以其出产地的自然生态环境、采摘制作与包装工艺之美的要求严格而闻名于世，故贡茶大大提升了中国茶叶的总体发展水平。可以说，贡茶其形态之美、其色香味之美，乃是中国茶美学的集中体现者。特别是丁谓与蔡襄相继担任福建转运使时制造的大小龙凤团茶，享誉天下，而后出现的“密云龙”“瑞云翔龙”“无比寿芽”“无疆寿龙”“云叶”“玉华”“玉清庆云”“玉叶长春”“龙凤英华”“龙团胜雪”等贡茶佳品，美不胜收，是贡茶作为中国宗法文化和祥瑞文化的物质载体之一。

中国茶论对历代贡茶的关注是空前绝后的，如前所述的历代茶论著述，而宋代茶论则以贡茶为论述中心，丁谓《北苑茶录》、蔡襄《茶录》、宋子安《东溪试茶录》、熊蕃《宣和北苑贡茶录》、赵汝砺《北苑别录》、宋徽宗《大观茶论》、刘异《北苑拾遗录》、范逵《龙焙美成茶录》、吕惠卿《建安茶记》、王庠《蒙顶茶记》、章炳文《壑源茶录》、曾伉《茶苑总录》《北苑修贡录》《北苑煎茶法》等茶论著作，都是贡茶的真实记录，也是贡茶制作工艺之美的经验总结，亦是贡茶的文化载体与传播媒介。

从贡茶这个角度出发，茶叶的身份在“柴米油盐酱醋茶”生活所需品基础上的“开门七件事”，为当时权贵和文人墨客所追逐，逐步演进成为“琴棋书画诗酒茶”的“文人七件宝”。地方官和茶农在制作工艺上更为精益求精，提升茶叶品质。于是，在前代的基础上，宋代在择料、加工、包装等方面都得到了提升，在蔡襄所著的《茶录》中表现得尤为明显，可见当时贡茶文化之繁荣。

二、蔡襄与“小龙团”

福建产茶历史悠久，早在南朝齐时，浦城县令江淹就赞叹武夷山为“碧水丹山”，江淹平生所至爱即山上所产的“珍木灵芽”，这里的“灵芽”就是茶叶。到了唐代，随着茶叶生产水平的提高，饮茶之风普及，《封氏闻见记》有载：“茶道大行，王公朝士无不饮者”，后来出现了官营督造的贡茶院。据《新唐书·地理志》记载，唐朝当时的贡茶地区共计十六个郡，其中就有福州常乐郡，而陆羽《茶经·八之出》叙述茶叶产区时称：“……岭南生福州、建州……往往得之，其味甚佳。”

由此可见，福建自南朝齐开始成片种植茶叶，到了唐代就已盛名在外，这些为北苑贡茶和蔡襄亲制“小龙团”打下了良好的基础。

（一）建安北苑贡茶

据北宋张舜民《画墁录》记载：“有唐茶品，以阳羡为上供，建溪北苑未著也。贞元中，常衮为建州刺史，始蒸焙而研之，谓之研膏茶，其后稍为饼样綦中，故谓之一串。”这是北苑制茶的开端，但记载有误，一是唐贞元中常衮已去世，二是常衮在福建任职时并非刺史。据《旧唐书·列传第六十九》记载：“常衮，京兆人也……建中元年，迁福建观察使。四年正月卒，时年五十五。”因此，北苑在中唐时期已经制茶。

唐朝末年至五代十国时期，特别是闽国建立后，建安茶叶开始被重视，得到了极大发展。闽国龙启元年（933），建安凤凰山茶苑便成为皇家茶苑了，在朝廷的支持下，北苑研膏茶在制作工艺上得到很大提高。闽国的永隆五年（943），也就是南唐保大元年（943），闽王遣潘承佑主持北苑茶事，这进一步证明建安县凤凰山的“北苑”是生产贡茶的皇家茶苑。南唐保大三年（945），北苑归南唐。此后，南唐曾舍弃阳羡茶而独爱北苑茶，将其作为皇家贡茶。

（二）丁谓制作龙凤团茶

据熊蕃《宣和北苑贡茶录》记载："圣朝开宝末下南唐，太平兴国初，特置龙凤模，遣使即北苑造团茶，以别庶饮，龙凤茶盖始于此。"南唐国灭亡后，北苑茶又被宋太宗所青睐，甚至"特置龙凤模"，主要是用于区别"庶饮"，以显示皇家之高贵。宋真宗咸平年间（998—1003），丁谓出任福建转运使时，专事监造贡茶，主要表现在加强北苑茶场的管理上，在他的监督下，各道工序都按质按量地迅速完成，保障京师显贵能及时喝上新茶。在形态上，丁谓突破了早先只有方、圆两种茶饼形式，亲自设计出菱形、六边形，以及五瓣、六瓣、十二瓣花形等多种几何形茶饼。随后，丁谓借着物以稀为贵的理念，精心制作御茶，初贡不过四十饼，"专以上供，虽近臣之家，徒闻而未尝见"。因茶饼上有龙凤形的纹饰，"龙腾凤翔，栩栩如生"，一斤八饼，遂被人称为"大龙团"，或"大凤团"。

据《建安茶录》记载："北苑，里名也，今曰龙焙。苑者，天子园囿之名，此在列郡之东隅，缘何却名北苑？""大龙团"成功之后，丁谓又将团饼茶的采制工艺和生产经验进行总结和提升，撰写出《建安茶录》，又叫《北苑茶录》，并画了精美的《茶图》，这对后世贡茶的生产起了重要的指导作用。

（三）蔡襄亲制“小龙团”

宋仁宗庆历七年（1047），蔡襄担任福建转运使时，负责督造北苑贡茶。蔡襄见“昔陆羽《茶经》不第建安之品，丁谓《茶图》独论采造之本，至于烹试，曾未有闻”，顿觉可惜。因此，他从改造北苑茶的品质花色入手，对北苑贡茶的制作要求更为严格精进，造出了小巧玲珑、纹饰精美、品质卓绝的龙凤团茶，并用于上贡，竟意外获得仁宗皇帝的青睐，特赐名为“上品龙茶”，要求仍按往年惯例进贡。

蔡襄的“小龙团”之所以能够制作成功，主要得益于他的专注和精进。他主持北苑御茶，身体力行，亲自加入团茶生产的实践，对北苑茶叶的生长环境和御茶制作工艺十分熟悉。他在任上写的《北苑十咏》，为后人展示了一幅绚丽多彩、琳琅满目的北苑长卷，十首五言六句的组诗，依次抒写了北苑山水和御茶的采制、检验、封送等图景；《出东门向北苑路》描述了北苑茶区沿途的风光和优越的地理环境，《北苑》则描述了茶园得天独厚的区位优势；《茶垅》描写北苑名茶在自然造化和人工管理后所呈现出的繁荣景象；《采茶》犹如一幅水墨丹青画，《造茶》写龙茶的制作，茶饼的规格、形状都要按照要求，烘焙的火候决定了贡茶的色、香、味的纯正与否；《试茶》是龙茶制成后的一道检验工序，但用具考究，用建窑兔毫盏以观茶色和茶沫，以名泉煮茶观翻腾如蟹眼状的水泡，见到搅起的雪花状茶沫和升腾的雾气，才把御茶成品送出北苑，让它成为“池中波”“人间雨”去滋润人们的生活；“水为茶之母”，选茶择水很关键，《御井》《龙塘》《凤池》三首描写到北苑的泉水，都是北苑御茶制焙用水；最后一首是《修贡亭》，御茶制好后，蔡襄还要亲自在封锁好的茶箱上签署，再遣驿骑翻山越岭，星夜兼程送往京城。蔡襄曾在《修贡亭》一诗下面自注称：“予自采掇时入山，至贡毕。”

蔡襄亲制的“小龙团”问世后，影响极大，据苏轼《寄周安孺茶》介绍，“小龙得屡试，粪土视珠玉。团凤与葵花，碔砆杂鱼目。”由此可见，“小龙团”一出，大有谁与争锋之架势。

不妨一读苏轼的《寄周安孺茶》：

大哉天宇内，植物知几族。灵品独标奇，回超凡草木。
名从姬旦始，渐播桐君录。赋咏谁最先？厥传惟杜育。
唐人未知好，论着始于陆。常李亦清流，当年慕高躅。
遂使天下士，嗜此偶于俗。岂但中土珍，兼之异邦鬻。
鹿门有佳士，博览无不瞩。邂逅天随翁，篇章互赓续。
开园颐山下，屏迹松江曲。有兴即挥毫，灿然存简牍。
伊予素寡爱，嗜好本不笃。粤自少年时，低徊客京毂。
虽非曳裾者，庇荫或华屋。颇见纨绮中，齿牙厌粱肉。

小龙得屡试，粪土视珠玉。团凤与葵花，碔砆杂鱼目。
贵人自矜惜，捧玩且缄椟。未数日注卑，定知双井辱。
于兹事研讨，至味识五六。自尔入江湖，寻僧访幽独。
高人固多暇，探究亦颇熟。闻道早春时，携籝赴初旭。
惊雷未破蕾，采采不盈掬。旋洗玉泉蒸，芳馨岂停宿。
须臾布轻缕，火候谨盈缩。不惮顷间劳，经时废藏蓄。
髹筒净无染，箬笼匀且复。苦畏梅润侵，暖须人气燠。
有如刚耿性，不受织芥触。又若廉夫心，难将微秽渎。
晴天敞虚府，石碾破轻绿。永日遇闲宾，乳泉发新馥。
香浓夺兰露，色嫩欺秋菊。闽俗竞传夸，丰腴面如粥。
自云叶家白，颇胜中山醁。好是一杯深，午窗春睡足。
清风击两腋，去欲凌鸿鹄。嗟我乐何深，水经亦屡读。
陆子咤中泠，次乃康王谷。蟆培顷曾尝，瓶罂走僮仆。
如今老且嬾，细事百不欲。美恶两俱忘，谁能强追逐。
姜盐拌白土，稍稍从吾蜀。尚欲外形骸，安能徇口腹。
由来薄滋味，日饭止脱粟。外慕既已矣，胡为此羁束。
昨日散幽步，偶上天峰麓。山圃正春风，蒙茸万旗簇。
呼儿为招客，采制聊亦复。地僻谁我从，包藏置厨簏。
何尝较优劣，但喜破睡速。况此夏日长，人间正炎毒。
幽人无一事，午饭饱蔬菽。困卧北窗风，风微动窗竹。
乳瓯十分满，人世真局促。意爽飘欲仙，头轻快如沐。
昔人固多癖，我癖良可赎。为问刘伯伦，胡然枕糟曲。

蔡襄亲制的“小龙团”每斤多少饼，历来有两种说法，一种说法是一斤二十饼，另一种说法则是一斤二十八饼。其中，欧阳修是一斤二十饼的代表性人物。据其《归田录》记载：“凡二十饼重一斤，值黄金二两，然金可有而茶不易得也。”这里明确地说小龙团一斤是二十饼。后来，宋王辟之《渑水燕谈录·事志》也说：“庆历中，蔡君谟为福建转运使，始造小团以充岁贡，一斤二十饼，所谓上品龙茶者也。”

然而，蔡襄则说一斤二十八饼，他在《北苑十咏》自序及自注中讲得很明白，“其年改造新茶十斤，尤极精好，被旨号为上品龙茶，仍岁贡之”，“龙凤茶八片为一斤，上品龙茶每斤二十八片”。由是可知，应该是一斤二十八饼，毕竟它是由蔡襄制作的，其说法更具有权威性。当然，蔡襄作为福建转运使不过两年时间，继任者要改造小龙团，将它从二十八饼改为二十饼，也是不无可能的。

庆历八年（1048）春，蔡襄回仙游省亲，作《正月巡历部郡侍亲还家》诗一首，其诗曰：

养亲方解郡，奉使又还家。

远岫乡关近，前旌父老遮。

挥金贫自愧，舞彩喜仍夸。

特地延宾友，相期咏《白华》。

三月，蔡襄又因故返家，作《三月再还家》诗一首，诗曰：

晓树乡关路，春衣使者轺。
江眠闻落霰，野饭掇新苗。
入里威棱减，宁亲喜气饶。
勤勤父师教，民病苦为消。

四月，蔡襄在《耕园驿并序》中指出："明道中，予为漳州军事判官，晚秋尝至州西耕园驿。驿庭有佛桑树十株，开花繁盛，念其寒月穷山，方自媚好，乃作《耕园驿佛桑花》诗一首。既而乘桴东下，又作《溪行》一首。庆历七年，予使本路。明年夏四月，自汀来漳，复至是驿，花尚仍故。追感昔游，因纪前事，并载旧篇，龛于西壁。"其诗曰："使轺迢递到天涯，候馆迁延感岁华。白发却攀临砌树，青条犹放过墙花。悲来唯见金城柳，醉后曾乘海客槎。欲问昔游无处所，晚烟生水日沉沙。"这说明，蔡襄主持北苑茶事，应该只有在春天采茶时进驻建州，其他时间则要到处巡视。

据宋子安《东溪试茶录》记载："建溪茶比他郡最先，北苑壑源者尤早，岁多暖则先惊蛰十日即芽，岁多寒则后惊蛰五日发……唯过惊蛰者最为第一，民间常以惊蛰为候。诸焙后北苑者半月，去远则益晚。"因此，在庆历八年（1048）惊蛰前后，蔡襄肯定还在北苑督造贡茶，毕竟仁宗皇帝自从尝过“小龙团”后，就赞不绝口，优旨褒奖，赐名“上品龙茶”，要求“岁仍贡之”，而该年则是正式进贡元年，与此同时，蔡襄还指示柯适在林垅山上凿岩立碑，纪录北苑盛事，其文曰：

建州东凤皇山，厥植宜茶，惟北苑。太平兴国初始为御焙，岁贡龙凤，上东、东宫，西幽、湖南、新会、北溪，属三十二焙。有署暨亭榭，中曰御茶堂，后坎泉，甘宇之曰：朱水，前引二泉，曰龙凤池。庆历戊子仲春朔，柯适记。

该碑明确记述了北苑中有漕司衙署及其与御泉、龙凤池的相对位置，碑高约四米，宽约三米，竖八行，行十字，字径二十五厘米，楷体，字径近尺，端正遒劲，功力极深，颇有颜鲁公遗风，为后世留下珍贵的史料。

（四）蔡襄之后，“小龙团”式微

蔡襄在任期间亲制“小龙团”后，因其制作精细，产量极少，品质绝佳，所以愈显珍贵。第一年，蔡襄只造出了十斤进贡，主要是供皇上享用，连朝廷大臣都极少得到。当时仁宗皇帝对“小龙团”极其珍爱，即使是宰相都不轻易赏赐，唯一赏赐的时候是每年的南郊祭天地的大礼中，中书省和枢密院的八位大臣，才共同分得一饼。

嘉祐七年（1062），据欧阳修《龙茶录后序》记载：

亲享明堂，斋夕，始人赐一饼。余亦忝预，至今藏之。余自以谏官供奉仗内，至登二府，二十余年，才获一赐。

这说明，蔡襄离任后，“小龙团”产量有所增加，但依然珍贵。

宋神宗熙宁年间（1068—1077），贾青为福建转运使时，他接管北苑茶务，立刻在蔡襄的基础上，改为二十饼为一斤，用“绯”外包者为尝赐大官，供御食者则独用“黄盖”。元丰元年（1078），神宗皇帝下诏北苑制作皇室专享之御茶，并赐其名为“密云龙”，其品又加于小团之上，上奉宗庙、下享皇廷，尊贵无比。周辉《清波杂志》载称，宣仁皇帝因为被“戚里贵近”与赐“密云龙”闹得不得安宁，慨叹说叫建州今后不要造密云龙了。绍圣年间（1094—1098），奉诏把“密云龙”改为“瑞云翔龙”。如此说来，蔡襄的“小龙团”从成功制作到退出历史舞台，仅三十年内（庆历七年至熙宁十年），就被贾青的“密云龙”替代了。四五十年后，贾青的“密云龙”则被郑可简的“龙团胜雪”所替代。

不料，蔡襄逝后二十八年，即绍圣二年（1095），苏轼贬谪广东惠州，写了一首《荔枝叹》，借荔枝生发开去，纵横古今，借古讽今，评论蔡襄亲作“小龙团”与丁谓相似，属于“买宠”性质。其诗曰：

十里一置飞尘灰，五里一堠兵火催。

颠坑仆谷相枕藉，知是荔枝龙眼来。
飞车跨山鹘横海，风枝露叶如新采。
宫中美人一破颜，惊尘溅血流千载。
永元荔枝来交州，天宝岁贡取之涪。
至今欲食林甫肉，无人举觞酹伯游。
我愿天公怜赤子，莫生尤物为疮痏。
雨顺风调百谷登，民不饥寒为上瑞。
君不见，武夷溪边粟粒芽，前丁后蔡相宠加。
争新买宠各出意，今年斗品充官茶。
吾君所乏岂此物，致养口体何陋耶?
洛阳相君忠孝家，可怜亦进姚黄花。

苏轼此诗一出，后世也多有替蔡襄鸣不平的，但因苏轼其诗流传甚广，此事竟成“千古冤案”。

后来，北苑茶事不振，连柯适所作的石碑都倒塌沉埋，无人问津。所幸的是，宋代王象之的《与地碑记目·名胜志》曾将此碑载于书中，《福建通志·名胜志·建安县》转载曰：“北苑‘乘风堂’在凤凰山最高处，堂侧有石碣，字大尺许，端劲有体，宋庆历戊子柯适记。见《与地碑目·名胜志》。”

（五）蔡襄《茶录》与“建茶”中的代表性贡茶

千年沉淀的茶文化符号，蕴含着岁月和人文的沧桑。

“建茶”在宋代茶文化发展史上具有突出地位，蔡襄《茶录》弥补了陆羽《茶经》未载“建茶”的缺憾，他在任福建转运使期间创制的“小龙团”，使“建茶”声名远播。蔡襄故里兴化，素有“海滨邹鲁”“文献名邦”之美誉，自古就有种茶、事茶、品茶、鉴茶的优良传统。“建茶”种植历史悠久，古代建州宜茶的气候和山水，造就了“建茶”的独特品质，唐宋以来，诸多茶品先后被作为皇家贡茶进献朝廷，名满天下。

千年建州，北苑贡茶

“茶之精绝者，乃在北苑”。北苑茶始于闽国，盛于宋元。千百年来，声名显赫，为皇家所专宠、士大夫所追逐、文人墨客所倾慕。

唐代中期，在陆羽所著《茶经》一书中，只对建州之茶有过简单的描述：“岭南生福州、建州、韶州、象州……往往得之，其味极佳。”陆羽也曾接触过建州之茶，因未扬名，故对建州茶没有专门的记载。北宋时期，黄儒在《品茶要录》中道出原委：“说者常怪陆羽《茶经》不第建安之品，盖前此茶事未甚兴，灵芽真笋，往往委翳消腐，而人不知惜。”并发出“鸿渐未尝到建安欤”的感慨。

公元933年，北苑始为皇家御茶园，庆历年间，蔡襄任福建转运使期间，负责在建瓯监造北苑御茶，北苑御茶园当时规模很大，但制成茶饼却不多，能上供的贡饼就更少。蔡襄在前人丁谓的基础之上，对闻名天下的“龙团凤饼”进行改造，既改大小，又改材质，挑出新鲜嫩茶芽精制而成，同时改造花色，增加椭圆形、四方形、棱形等，在茶饼表面印上龙凤，边缘处设置各种花草图案，在蔡襄所作《北苑十咏》中曾经有过生动描述，在此不做赘述。自采茶时节进山到茶饼封箱进贡，制茶全程历时达半年之久，被称作“小龙团”，后风靡整个北宋宫廷，当时的王公将相求之而不得，感叹“黄金可得，龙团难求”，此茶因此名扬天下。

关于“小龙团”茶，欧阳修《归田录》曾记载“茶之品，莫贵于龙凤，谓之小团，凡二十八片，重一斤，其价值金二两。然金可得，而茶不可得”，由此可见“龙团凤饼”价值之“重”，“小龙团”在当时之“贵”。

龟山“月中香”

龟山，又名龟洋山，海拔七百到九百米之间，峰峦重叠，岚雾弥漫，龟洋小山叠岭环错，泉声泠泠如弦，龟洋在群山复叠之中，岚雾浓重，清幽阴凉，一年四季常见“云埋一半山”，自古就有“龟洋积雾”之美誉。优越的生态环境、千年传承的制茶工艺共同铸就了龟山茶的辉煌。

龟山植茶的历史最早可追溯至隋唐时期，《兴化揽胜》有载："无了禅师来龟山开山，辟茶园十八处。"无了禅师(770—867)，历时四十五年，在龟山开辟十八处古茶园，成就了龟洋植茶的传奇，宋代《莆阳志》记载："莆诸山产茶，龟山第一，柯山第二。"龟山的禅茶文化，薪火相传，明朝《八闽通志》亦载，"龟洋山产茶为莆之最"。

龟山茶以"月中香"为代表，其制作工艺最为上乘，口味独特、齿颊留香。明朝国师陈经邦少时曾在龟山寺苦读，得香茗滋养，出仕后，邀请正觉寺著名禅师释胜权（法号"月中"）赴莆阳住持龟山寺，重建龟山茶园万余亩，倡导"悟道植槚"的理念，龟山一时盛况空前。明万历年间，陈经邦携龟山茶进京谒帝，帝问其所由来，陈经邦以禅师法号为茶名，龙颜大悦，万历皇帝御赐"月中香"，钦定为皇家贡茶。龟洋古刹"五亩园"亦称为御茶园，陈经邦亦题联相赠月中禅师，曰："天上楼台山上寺，云中钟鼓月中僧。"《莆田县志》亦载："明万历间，僧胜权恢复龟山茶园所产'月中香'驰名远近。"

龟山高寒雾重、雨量充沛，适宜茶树生长，龟山茶外形紧结、色泽油润、香气馥郁持久、滋味鲜醇，龟山"月中香"独具"香、甘、清、活"等特征：

香:“月中香”具有多种“香”味,即表里如一的清香、火候均匀的兰香和真香，融清香、兰香与真香为一体，馥郁芬芳。

甘：“月中香”的“甘”，即茶汤清亮、滋味醇厚、味如甘霖、香如兰桂、余味无穷。

清：“月中香”的“清”表现为汤色清澄明澈、晶莹剔透，入口清纯顺喉，回味甘醇。

活：“月中香”的“活”主要表现在以下方面：一是采用传统的手工制茶工艺，使茶叶保持原味；二是品茗者心灵感受，即“啜英咀华”“舌本辨之”，从“厚韵”“杯底留香”等方面保留茶之本味，故有“众品龟洋茗，独赞月中香”的说法，流传甚广。

千百年来，龟山当地传承了当年无了祖师所独创的“亦农亦禅，禅净兼修”的龟洋宗风，践行“一锄一声佛”的“禅耕并行”理念，挥汗耕作，从未间断，后人称为“龟山茶园念佛堂”。岁月不居，时节如流，历经千年演进，龟山“月中香”制茶技艺日臻完善，不断焕发出新的光彩，影响至今。

方山露芽

“方山露芽”在唐代就享有盛名，是古代建州最早的贡茶之一。宋代广业山区种茶、饮茶习俗盛行，大会山周围曾出仕过几任茶官。在大会岭滴水岩古驿道旁发现的多丛本地野生茶树及山崖之上的层层古磴田，便是当年的遗迹。

唐宋时期，百俊方氏与薛、郑、林、余等兴化大姓在此创办书院。此处茶田，乡人称之为方山。因贡茶种在方山之上，嫩芽含露，得名“方山露芽”。据史料记载，唐代贡茶“方山露芽”由刺史方叔述创制。唐贞观年间，方叔述从祖地皖南绩溪大会山迁入莆田，家族聚居于此，始称“方山”，亦按祖籍地称“大会山”。方叔述居大会山中教习，见地少人多，而山上常年云雾弥漫，乃是得天独厚的天然产茶之地，遂引进种茶之道。起初无人响应，阁老遂取一簸箕白银埋于山中，并刻字于石上，古谚曰“银在阁老脚”。不久，乡人来此占山，掘地开荒，千亩茶田始现，大会山由此成为莆阳最古老的茶区和建州贡茶“方山露芽”的发源地。

大会山是笔架山三座峰的总称，左乾峰，右莲峰，中间是壶妪峰。壶妪峰之西麓有小峰，山巅有四角见方之平石，乡人称之“方山”。峰下百步至虎蹲冈，有仙人泉出焉。《新唐书·地理志》载：域内有茶，土贡。层层叠叠的石砌梯田状山田，多被密林覆盖。大会山独特的地理和生态，滋养了“方山露芽”的绝佳品质。

唐上元初年（760），陆羽隐居苕溪（今浙江湖州），撰《茶经》三卷，系世界第一部茶叶专著。“方山露芽”被陆羽载入《茶经》，大会山大规模的茶圃在唐至五代闽国、宋元时期均为官有，千亩古茶园自唐宋以来至明清，都出产贡茶，且无断代。古代建州之茶兴盛于唐宋，尤其在蔡襄的大力推广之后，声名远播，大会山唐宋茶园就是在这人文背景下形成的，并延续到明清，绵延不息。

同一片茶叶，经过制茶人使用不同的制茶技艺，演绎出不同的风味。

历代以来，“建茶”珍品频出，茶韵飘香，北苑贡茶、龟山“月中香”、“方山露芽”等名茶被载入史册，成为历朝皇家贡茶，名扬四海，千百年来，建州这片神奇的土地，可谓人杰地灵，底蕴深厚，蔡襄所著《茶录》一书在历代贡茶文化发展史上留下了精彩的篇章，千年茶基因文化符号，值得深入挖掘。

第四节 《茶录》对后世的深远影响

蔡襄《茶录》的问世，推动了宋代茶文化的繁荣，因此具有划时代的意义。虽然《茶录》是以古建州北苑贡茶为研究基础，但它问世后，助推了撰写茶书的风尚，引领了建茶走向精致化，带动了福建建窑瓷业的振兴，撑起了福建地区的茶叶经济，衍生出多种《茶录》版本，影响了日本茶道的发展，推动了中西方茶文化交流，是继唐代陆羽《茶经》之后中国茶文化发展史上的又一部扛鼎之作。

一、助推了撰写茶书的风尚

蔡襄的《茶录》的问世，推动了北宋时期茶文化的兴盛，从此之后，异彩纷呈的茶书接连出现。其中，宋代的宋子安、熊蕃、赵汝砺，明代张源、程用宾、冯时可等人相继撰写有关茶叶的书籍，但均不如蔡襄所著《茶录》出名。

宋子安，生平事迹不详，对茶树生长习性，以及茶的栽培有研究，著有《东溪试茶录》。该书为补丁谓《北苑茶录》、蔡襄《茶录》之遗，约成书于皇祐年间。东溪为福建水名，其流域为闽茶主要产地，因以名集。内容分八目：总叙焙名、北苑、壑源、佛岭、沙溪、茶名、采茶、茶病。以焙茶与产地为叙述重点。“茶病”一目，颇为实用，记述翔实。

熊蕃，字叔茂，号独善先生，福建建阳人。博学多才，善写文章，工诗赋，分章析句，极有条理。因厌恶世俗，不应科举。崇信王安石学说，入武夷山，在八曲建独善堂，过隐居生活，人称“独善先生”。平生嗜茶，熟知茶事，著《宣和北苑贡茶录》1卷、《北苑别录》1卷。绍兴二十八年（1158），熊蕃子克摄事北苑，因其父所撰《贡茶录》只列贡茶名称，没有形制，乃绘图38幅，并将熊蕃《御苑采茶歌》十首补入书中，提升了图书的价值。淳熙十三年（1186），熊蕃的门生赵汝砺认为《宣和北苑贡茶录》还有缺漏，故又撰《北苑别录》作补充，对贡茶加工技术叙述更详。

张源，字伯渊，号樵海山人，江苏吴县西洞庭山人。据顾大典《茶录·且引》介绍：

> 隐于山谷间，无所事事，日习诵子百家言。每博览之暇，汲泉煮茗，以自愉快。无间暑，历三十年疲精殚思，不究茶之指归不已。

张源亦著有《茶录》，该书共1700字，分23则，内容全面丰富，语言精辟，多成名言。张源提出“投茶有序，毋失其宜”的看法，首倡“上投”“中投”“下投”之法，并称泡茶应“春秋中投，夏上投，冬下投”。在泡茶用水上，他还敢于提出与前人迥异之观点，认为泡茶需用“纯熟”之汤，即腾波鼓浪、煮至无声的开水，因为“汤须五沸”，水汽全消，元神始发。

冯时可，字符成，号文所，松江华亭人。明隆庆五年（1571）进士，历官广东按察司佥事、云南布政司参议、湖广布政司参政，贵州布政司参政。他本是首辅张居正的门生，但不肯趋炎附势，遂不受重用。一生淡泊名利，著述甚富，文学造诣颇高，与邢侗、王稚登、李维桢、董其昌被誉为晚明文学“中兴五子”。亦著有《茶录》一书，该书全文共五百余字，主要记述各种名茶、茶器等内容。

程用宾，字观我，新都（今浙江淳安）人。著有《茶录》一书，故其书撰刊时间，亦当在此间。全书分为四集：首集十二款，为《摹古茶具图谱》；正集十四则，论述茶的采制、烹饮；末集十二款，为拟时茶具图说，其中图十一幅，缺“具列”一款；附集七篇，集前人咏茶诗赋。

以上皆为蔡襄著《茶录》之后，后世著述之风渐起的佐证。

二、促进了福建茶产业的发展

蔡襄《茶录》的问世，促进了当时闽中地区茶产业的发展，对促进福建经济的繁荣起了很大的推动作用。

蔡襄推动的斗茶是唐代起我国饮茶风尚的继承与创新。如对茶具的选择，煎水候汤的要求，保持茶味清香，试用添加香药，讲究茶汤“色、香、味”的饮品艺术等，不仅是对陆羽《茶经》的创新，而且把茶的色、香、味加以升华，第一次提出了用色、香、味的标准来品评茶叶的优劣，为后代品茶、鉴茶理论奠定了基础。同时，在斗茶中直接于瓶中煎水候汤以点茶，以及置末于茶盏中，先调匀，再注入已沸过的沸水方法，推动了宋代品饮艺术的兴盛。

宋代斗茶之风盛行，促进了建窑制瓷业的发展。《茶录》中介绍“茶色白，宜黑盏，安所造者绀黑，纹如兔毫，其坯微厚，熁之久热难冷，最为要用”。随着蔡襄把建茶斗品充作贡品，建安所产的“兔毫”茶盏也成为茶具中的珍品，日本国僧侣在引进我国的品茗艺术时，也引进建安乌金釉茶具，以后逐渐发展成为富有日本民族特色的饮茶风习的最佳茶具，对日本社会生活产生了深刻的影响。建窑瓷业的发展，为八闽经济的繁荣，海外贸易的发展，起到了重要的推动作用。

由于蔡襄《茶录》的传播和推广，使福建茶叶的知名度得到极大提升。《武夷志》载：“武夷喊山台，在四周御茶园中，制茶为贡自蔡襄始。”蔡襄在建瓯制贡茶也带动了福建各地茶业生产，宋时有很多书籍记载了福建的茶事，其中相当部分引用和转录《茶录》内容。如宋子安的《东溪试茶录》、赵汝砺的《北苑别录》、高承的《高物记原》、庞元英的《文昌杂录》，等等，都受到蔡襄《茶录》的影响。

蔡襄用小楷全文书写《茶录》一书，虽属以后几年之事，但其书法俊秀妩媚，超逸绝伦，笔笔生动，沉着有力，成为历代名家书法中的稀世珍品。欧阳修在跋中云：

“《茶录》劲实端严，为体虽殊，而各极其妙，盖学之至者，意之所到，必造其精，予非知书者，以接君谟之论久，故亦粗识其一二焉。”

《茶录》因此被列为中国茶文化发展史上一部划时代的科学著作，流传至今。

三、引领了建茶精致化发展的方向

蔡襄在丁谓“大龙团”的基础上改造出“小龙团”，获得了仁宗皇帝的肯定，赞誉有加。此后，蔡襄继任福建转运使，主管北苑茶务时，全力以赴做好北苑贡茶事务。元丰二年（1079），贾青（字春卿，真定获鹿人）为福建转运使时，别出心裁，造“密云龙”更加精奢，在包装上更区别于其他贡品。宋代李公麟《山庄义训》画题云：“世有灵芽，产夫七闽，匭包底贡，贵于上春密云龙之珍，圆不逾寸，价兼百金。”然而，贾青的“密云龙”还算不上北苑贡茶的高峰。

据《闽北茶业志》引论的资料记载，建安龙凤茶最精美、最繁盛的代表作，当属宣和年间（1119—1125）郑可简担任福建转运使之时，郑可简用“银线水芽”做成方寸大小的茶饼，因为这种团茶色白如雪，所以取名“龙团胜雪”，后更名为“龙苑胜雪”。它比“密云龙”更为高贵，只专供皇帝享受，任何人不能僭用，朝廷中的大臣显贵，别说没有受赐的福分，即使见到者也无几人。

关于“龙团胜雪”的原料和精制方法，《宣和北苑贡茶录》记载详细，它所选的原料银线水芽，主要是采择新抽茶枝上的嫩尖芽，后剥去稍大的外叶，只取芽心中的一缕像银线一样晶莹的部分，制成形后的“龙团胜雪”饼面上，有小龙蜿蜒其上。“盖茶之妙，至胜雪极矣！”明代许次纾《茶疏》说，“一锷（片）之值40万钱，仅供数盂之啜尔。”相传，郑可简正是借制贡茶之机，以贡茶作“敲门砖”，新茶一出就先奉献蔡京品尝，甚得欢心，遂有洪迈《容斋笔记·卷十五》所载的“蔡京除吏”之典故。

当然，奢极必败，“小龙团”之后，无论是“密云龙”，还是“龙苑胜雪”，都极尽奢华之能事，其制法精益求精，在一定程度上推动了宋代雕版艺术和茶叶加工工艺及饮茶艺术的发展，丰富了中国茶文化的内涵。

四、繁荣了建窑瓷业

由于宋代斗茶成风，继而经过蔡襄《茶录》的归纳总结，意外繁荣了建窑业的发展。《茶录》中介绍："茶色白，宜黑盏，建安所造者绀黑，纹如兔毫，其坯微厚，熁之久热难冷，最为要用。出他处者，或薄或色紫，皆不及也。其青白盏，斗试家自不用。"此后，蔡襄还将建茶斗品作为贡品送入宫中，使建安所产的"兔毫"茶盏也成为茶具中的珍品，推进了建窑瓷业的发展，为八闽经济繁荣做出贡献。之后，日本僧侣到中国交流，遂将宋朝的点茶风格引进回国，同时也引进名贵的建安乌金釉茶具，进一步推动了建窑瓷业的发展，为福建乃至宋代的海外贸易注入生机。

在建窑鼎盛时期，其黑釉瓷窑遍布中国，包括大名鼎鼎的龙泉窑、吉州窑、景德镇窑都在仿造，毕竟有宋一代的文人学士对黑釉茶盏的评价极高，认为建窑烧制的黑釉瓷最好，品质最高。建盏的胎体主要是黑色的，含铁量很高，其釉色温润，而且表面带有烧制时所产生的天然花纹，这些和当地特殊的土质有关。后来，北苑贡茶衰微之后，建盏也逐渐沉寂了，慢慢退出了历史舞台。

五、撑起了莆阳乃至福建当地的茶叶经济

中国茶叶在汉代王褒"武阳买茶"以来，主要产区

在巴蜀，至唐代则以蜀中蒙顶茶为最有名。同期，茶叶也从中国流传到日本、朝鲜半岛和东南亚等国。那时，福建茶叶固有微名，但较其他地区还是比较靠后的。晚唐以后，特别是五代十国时，福建茶叶在闽国的大力关注下，成为贡茶，声名远播。入宋以后，福建茶叶的地位不断上升，蜀茶地位相对下降。这时，前有丁谓《茶图》，后有蔡襄《茶录》，共同繁荣了福建茶文化，特别是北苑贡茶，更是备受关注。据宋代彭乘《墨客军犀》记载："议茶者，莫敢对公（指蔡襄）发言，建茶所以名重天下，由公也。"蔡襄对茶叶研究之深，及其《茶录》对建茶贡献之巨，为世人所公认。

据《宋代经济史》记载：福建路的茶叶产量，从宋高宗绍兴年间（1131—1162）到宋孝宗干道年间（1165—1173）增长突飞猛进，宋孝宗时，建州"的乳"收购价每斤为190文，而卖出价每斤达361文，每斤差额为171文；"头金"收购价每斤135文，而卖出到海州、真州的卖出价格均为500文，每斤差额达365文，宋代茶产业与茶文化的繁荣与兴盛，与蔡襄《茶录》的文化滋养是分不开的。

六、开创了茶评检验标准之先河

我国茶叶优劣的评价风气起于何时，目前尚未有定论，但“斗茶”风气源于宋代则史有定评。如果从“斗茶”开始算起，《茶录》可谓开中国茶品鉴之先河。由于“斗茶”讲究茶叶的色、香、味、形及煮茶和品茶的方法，这比唐朝的茶宴、茶会有了较大的进步，从而推动了茶叶生产和工艺的提升，以制茶、斗茶、辨茶的严格流程作为参考依据，进而提出较为合理的评判标准。

蔡襄在《茶录》中指出：

“茶味主于甘滑，惟北苑凤凰山连属诸焙所产者味佳。隔溪诸山，虽及时加意制作，色味皆重，莫能及也，又有水泉不甘，能损茶味，前世之论水品者以此。”

“茶色贵由。故建安人斗试，以青白胜黄白。”

“建安人斗试，以水痕先者为负，耐久者为胜。故较胜负之说，曰相去一水，两水。”

后来，这些评茶标准都为喜爱斗茶者所认同，虽有所增益，但皆未超出《茶录》中所划定的范围，可见其书对后世影响甚深。

七、蔡襄《茶录》引领了宋代革新制茶技艺风潮

一般而言，皇家贡茶的制作方法都是保密的，但蔡襄在《茶录后序》中认为：“臣谓论茶虽禁中语，无事于密，造《茶录》二篇上进。”因此，他公开了北苑贡茶制作技艺，以茶芽制茶。虽然蔡襄并不是中国历史上

用茶芽制茶的第一人，但他与民共享，允许民间茶农取经学习，必然推动了民间学习制作北苑贡茶的新风潮。

后来，北苑贡茶在一代又一代福建转运使手上走向精致化，如元丰二年贾青的“密云龙”，宣和二年郑可简的“龙团胜雪”，将贡茶越做越精致，这才使苏轼有了“前丁后蔡”的说法，此言一经传出，认同者众。与此同时，民间茶农却舍精致而尚俭朴，遂催生出北苑圈外的武夷岩茶的崛起。此后，武夷茶农经过不断实践摸索与总结，一方面吸取历代制茶之精华，另一方面能够创造出独特的技术，竟使之前籍籍无名的武夷山茶一跃而超北苑前列，成为佳话。

八、“建茶”文化推动者，所著《茶录》传承千年

北宋仁宗对蔡襄在福州任上的善政时有所闻，深为满意，不满一任，就升蔡襄担任福建转运使，转运使又称漕使，主管本路各州、府财政收入，兼管边防，刑狱及考察地方官吏和民情，职权较大。蔡襄在任期间，大力推广建茶文化，为发展福建茶叶生产，增加福建地方财税收入，他亲自负责福建贡茶的监制，福建北苑茶闻名于唐末，五代时已成为贡茶，闽国亡后归南唐，南唐派专职官员建龙焙制作“龙茶”，北宋丁谓为福建转运使时，注意制茶技术的提升与改进，所制“大龙团”饼

茶为茶中珍品。

蔡襄为亲制贡茶，入山林，朝夕与茶农、茶师相处，探询其栽培、采摘、焙制、烹试技术，任职期间改大团茶制作工艺，研制了“小龙团”茶，选取茶树上顶尖嫩叶采下，水浸后剥去包叶，用中间叶心精制成茶，质量精绝，遂为茶中极品，开创了福建茶叶发展的新高度，得到了仁宗皇帝的赞赏，也为自己赢得了极高的声誉。宋徽宗在品尝了福建“小龙团”茶后，在《大观茶论》里称北苑“龙团凤饼，名冠天下”，“采择之精，制作之工，品第之胜，烹点之妙，莫不咸造其极”。

宋人王辟之《渑水燕谈录》云：“惟郊礼致斋之夕，两府各四人共赐一饼，宫人翦金为龙凤花贴其上，八人分蓄之，以为奇玩，不敢自试，有嘉宾出而传玩。”欧阳修《归田录》卷二载：该茶“凡二十饼重一斤，其价值金二两”，足见龙凤团茶之珍贵。宋代的龙凤团茶，有“始于丁谓，成于蔡襄”之说，制小龙凤团茶是蔡襄在茶叶采造上的创举，当时赞美之声不绝。

宋人王辟之在《渑水燕谈录》中有载：

建茶盛于江南，近岁制作尤精，龙凤团茶最为上品，一斤八饼。庆历中，蔡襄为福建转运使，始造小团以充岁贡，一斤二十饼，可谓上品龙茶者也。仁宗尤所珍惜。虽宰臣未尝辄试。惟郊礼致斋之夕，两府各四人共赐一饼，宫人翦金为龙凤花贴其上，八人分蓄之，以为奇玩，不敢自试，有嘉宾出而传玩。

当时小龙团茶被朝廷视为珍品，达官显贵也不可多得。

熊蕃有《御苑采茶歌》云："外台庆历有仙官，龙凤才闻制小团。争得似金模雨璧，春风第一荐宸餐。"这位庆历年间的"仙官"即指蔡襄。宋人彭乘著的笔记《墨客挥犀》，其中有两则记载蔡襄的品茶故事，详尽介绍蔡襄品茶的技巧和过程，说明蔡襄品茶已经达到炉火纯青的高度。

蔡襄不仅精于制茶、精于品茶，还推动了斗茶文化的发展，《墨客挥犀》中说建安能仁院有一种茶叶，庙中和尚制得"石岩白"茶八饼，特送四饼请蔡品尝，另四饼送给京师王禹，一年后蔡在王禹家品茶，捧起茶瓯一闻，竟能闻出这是"石岩白"。同书还有故事一则，说福唐蔡叶丞请蔡襄饮小龙团，蔡襄品完茶之后说："你说请我喝小龙团，为何掺入了大龙团？"主人大吃一惊，叫来泡茶小童一问，才知本来碾好小龙团，够两人喝，刚才又到一客，来不及再碾，就掺了一些碾好的大龙团，主人佩服得五体投地。后来蔡襄撰写《茶录》上下篇，简述了茶叶的色、香、味，藏、泡、饮等方法和所用器具，堪称中国茶文化发展史上的上乘之作。

除此之外，蔡襄还善于茶的鉴别，他在《茶录》中说：“善别茶者，正如相工之瞟人气色也隐然察之于内。”彭乘《墨客挥犀》记：

建安能仁院有茶生石缝间，寺僧采造，得茶八饼，号石岩白，以四饼遗蔡襄，以四饼密遣人走京师，遗内翰禹玉。岁余，蔡襄被召还阙，访禹玉。禹玉命子弟于茶笥中选取茶之精品者，碾待蔡襄。蔡襄捧瓯未尝，辄曰：“此茶极似能仁石岩白，公何从得之？”禹玉未信，索茶贴验之，乃服。

庆历八年，丁父忧，君谟解职离任。他实际在福建转运使任上仅两年时间，但这短短时间却使他以开明革新的姿态进入了中华茶史，而奠定他茶史地位的《茶录》一书对后世中国茶的发展意义深远。蔡襄所著《茶录》一书是陆羽《茶经》后又一部重要的茶叶专著，它是宋代乃至中国茶文化发展史上的杰出作品，后来被译成英文、法文等，流传甚广。

《茶录》是蔡襄用小楷写给宋仁宗皇帝的，是第一部研究和推广福建茶叶的专著。《武夷志》记载：“武夷喊山台，在四曲御茶园中。制茶为贡自宋蔡襄始。”蔡襄亲创“小龙团”，所著《茶录》一书使福建茶叶进入皇家贡茶序列，为福建的茶产业发展和茶文化的繁荣发挥了积极作用。

九、蔡襄《茶录》深刻影响了中西方茶文化交流

茶原产于中国，盛行于世界。蔡襄《茶录》是中国茶叶研究史上的重要专著，弥补了陆羽《茶经》未载“建茶”的缺憾，他创制的小龙团，使“建茶”名满天下。《茶录》中提出了许多新颖鲜明的观点，在中国茶文化发展进程中占据重要地位。譬如，蔡襄倡导品茶时以色、香、味为次序的标准，色在首位，“茶色贵白”；其次是香，“茶有真香”；然后是味，“茶味主于甘滑”，如果“水泉不甘”则“能损茶味”。按照这个标准次序，到了宋徽宗撰写《大观茶论》时，调整为味、香、色。味在首位，“茶以味为上”，其次是香，“茶有真香”，然后是色，“以纯白为上”。

从蔡襄《茶录》到宋徽宗《大观茶论》中品茶标准的变化，反映了宋代茶叶审美观念的转变。蔡襄还提出评判斗茶胜负以及选择茶盏釉色的标准，“斗试以水痕先退者为负，耐久者为胜，故较胜负之说，曰相去一水、两水。”为了方便判断胜负，需要借助茶盏釉色。“茶色白，宜黑盏，建安所造者绀黑，纹如兔毫，其坯微厚，熁之久热难冷，最为要用”，指出黑釉兔毫盏既有功能美又有艺术美，兔毫盏从此广为流行。这些，深刻地影响到后世中国以及日本茶文化的发展。

唐宋以前，茶的用途多在药用，仅少数地区以茶做

饮料。自蔡襄之后，饮茶之风普及于大江南北，饮茶品茗遂成为中华优秀传统文化的重要组成部分。《茶录》一书系统地总结了当时的茶叶采制和品饮经验，全面论述和传播了茶叶科学知识,促进了当时茶叶生产的发展，对后世产生了深远影响。后来，蔡襄《茶录》被翻译成英语、法语，为英法两国上流社会人士所钟爱，从某种意义上说，蔡襄《茶录》在推动了中西方茶文化交流方面做出了积极贡献。

第五章 宋代建州茶的蓬勃发展

一、建茶之源——“年年春自东南来，建溪先暖冰微开”

宋代是我国茶叶生产发展的重要时期，由于在五代至北宋这一时期，我国气候明显由暖转寒，使得北部地区的大量茶树被冻死，茶树萌芽期推迟，导致当时的贡焙中心南移建州。所谓“年年春自东南来，建溪先暖冰微开”（范仲淹《和章岷从事斗茶歌》）。北宋开国后，在“太平兴国二年（977），始置龙焙，造龙凤茶”（《建安志》）。北苑贡茶作为宋代茶的代表，达官贵人、文人雅士竞相追逐，这与宋代饮茶文化密切相连。

特别是在文人饮茶中，无不推崇北苑茶，“品泉暗识南零味，鉴茗多藏北苑真”（朱长文《送荣子扬斋郎》）。在今福建省建瓯市东峰镇有一块摩崖石刻，是庆历八年（1048）柯适留下的。文曰：

建州东凤皇山，厥植宜茶，惟北苑。太平兴国初，始为御焙，岁贡龙凤上，东东宫、西幽、湖南、新会、北溪，属三十二焙。有署暨亭榭，中曰御茶堂。后坎泉甘，宇之曰御泉。前引二泉，曰龙凤池。庆历戊子仲春朔，柯适记。

建瓯市东峰镇凤凰山一带，正是北苑贡茶所在地，此碑文为考证宋代建州北苑茶事提供了珍贵有力的实物依据。

北苑在建宁府建安县，《八闽通志》记载："状如龙蟠，与凤凰山对峙，其左有龙凤池，伪闽龙启中制茶焙，引龙凤二山之泉，潴为两池。两池间有红云岛，宋咸平间，丁谓监临茶事时所作也……又有御泉井、御茶亭。"《凤凰山》有载："在吉苑里，形如翔凤。山有凤凰泉，一名龙焙泉，一名狮泉，自宋以来，于此取水造茶上供。"苏轼《凤味石砚铭序》云："北苑龙焙山，如翔凤下饮之状，当其味有石苍黑，坚致如玉，太原王颐以为砚，名之凤味，此即是也。"

二、"建溪茗株成大树，颇殊楚越所种茶"

陆羽在《茶经·八之出》中勾勒出唐代茶叶地理分布，给予各地茶叶优劣的品评。至宋代，赵佶《大观茶论》言"世称外焙之茶，脔小而色驳，体好而味澹。方之正焙，昭然可别……虽然，有外焙者，有浅焙者。盖浅焙之茶，去壑源为未远，制之能工，则色亦莹白，击拂有度，则体亦立汤，惟甘重香滑之味，稍远于正焙耳”，指出正焙与外焙之区别。明代许次纾《茶疏》“地产”篇，说唐人首称阳羡，宋人最重建州。“钱塘诸山，产茶甚多，南山尽佳，北山稍劣”，说的是茶叶品质的地理差异。

作为南方嘉木的茶树性喜温暖湿润，地球从南纬45度至北纬38度均可栽培。地势、土壤、光照、植被、水分等因素，影响茶叶之优劣。时建溪有三十二焙，北苑居首，在于其地理环境与气候条件之优越，宋子安《东溪试茶录》有云：

今北苑焙，风气亦殊。先春朝济常雨，霁则雾露昏蒸，昼午犹寒，故茶宜之。茶宜高山之阴，而喜日阳之早。自北苑凤山南，直苦竹园头东南，属张坑头，皆高远先阳处，岁发常早，芽极肥乳，非民间所比。

“茶宜高山之荫，而喜日阳之早”，这句话概括了茶树对环境的要求，指出好茶产于向阳山坡有树木荫蔽的环境，即《茶经》的“阳崖阴林”。

茶树起源于中国西南地区亚热带雨林之中，在人工栽培以前，它和亚热带森林植物共生，并被高大树木所荫蔽，在漫射光多的条件下生长发育，形成了耐荫的特性。因此，在有遮阳条件的地方生长的茶树鲜叶天然品质好，持嫩性强。赵汝砺《北苑别录》有载：“建安之东三十里，有山曰凤凰，其下直北苑，旁联诸焙，厥土赤壤，厥茶惟上上。”其后，此书罗列了北苑茶的产地，即御茶园、九窠十二陇、麦窠、壤园、龙游窠、小苦竹、苦竹里、鸡薮窠、苦竹、苦竹园、鼯鼠窠、教练垄、凤凰山、横坑、张坑等，这些茶叶产地，或“其土壤沃”，或“疏竹蓊翳”，或“泉流积阴”，为茶叶生长提供优良的地理环境。

三、古代建州丰富的茶树品种资源

茶树为多年生常绿木本植物，四五千年前，茶树种籽传播到了八闽大地，迅速落地生根，发展壮大。这里古濮人将武夷山变成茶树种质资源衍生地，并培育出许多良种繁殖至今，使其成为中华大地著名的茶树种质资源基因库。

在建州，宋代人很早就重视茶树品种的搜集、栽植与培育。据《东溪试茶录》载，茶之名有七：一曰白叶茶，民间大重，出于近岁，园焙时有之。地不以山川远近，发不以社之先后，芽叶如纸，民间以为茶瑞。取其第一者为斗茶，而气味殊薄，非食茶之比……次有柑叶茶，树高丈余，径头七八寸，叶厚而圆，状类柑橘之叶。其芽发即肥乳，长二寸许，为食茶之上品。三曰早茶，亦类柑叶，发常先春，民间采制为试焙者。四曰细叶茶，叶比柑叶细薄，树高者五六尺，芽短而不乳，今生沙溪山中，盖土薄而不茂也。五曰稽茶，叶细而厚密，芽晚而青黄。六曰晚茶，盖稽茶之类，发比诸茶晚，生于社后。七曰丛茶，亦曰蘖茶，丛生，高不数尺，一岁之间，发者数四，贫民取以为利。先民发现了茶叶形态特征、发芽时间、感官特征等差异，并根据实际需要栽植，供斗茶所需。这样的栽植传统一直延续至今。

以当时建州治下的武夷山为例，茶树在各岩和悬崖半壁随处可见，是利用天然的石缝，如覆石之下、道路之旁，无须另外作植地园圃，将二三株茶树或三五颗种子寄植其间，任其发育滋长，稍加管理即可。如袁枚《试茶》诗："云此茶种石缝生，金蕾珠蘖殊其名。雨淋日炙俱不到，几茎仙草含虚清。"倍受时人珍赏，如《闽产录异》中的铁罗汉、坠柳条，《寒秀草堂笔记》中的不知春："柯易堂曾为崇安令，言茶之至美，名为不知春，在武夷天佑岩下，仅一树。"蒋叔南游武夷山，记曰：

天心岩之大红袍、金锁匙，天游岩之大红袍、人参果、吊金龟、下水龟、毛猴、柳条，马头岩之白牡丹、石菊、铁罗汉、苦瓜霜，慧苑岩之品石、金鸡伴凤凰、狮舌，磊石岩之乌珠、壁石，止止庵之白鸡冠，蟠龙岩之玉桂、一枝香，皆极名贵。此外有金观音、半天腰、不知春、夜来香、拉天吊等等，名目诡异，统计全山，将达千种。

四、“研膏焙乳有雅制，方中圭兮圆中蟾”

中国制茶发展史上，以明代朱元璋废饼茶改散茶为转折点，经历了重大变革。其中唐宋以饼茶为主。但同为饼茶这样的茶叶形态，唐宋制作工艺也有区别。建州茶的制作以北苑茶之精粹为代表，其大略方法存于《北苑别录》《品茶要录》等茶典中。唐代陆羽《茶经·三之造》中总结当时饼茶制作方法，称“七经目”：“采之，蒸之，捣之，拍之，焙之，穿之，封之。”在《二之具》则专门介绍了采制的器具。宋代赵汝砺《北苑别录》记建州饼茶的工艺流程包括拣茶、蒸茶、榨茶、研茶、造茶、过黄等步骤，经此过程，才有范仲淹诗中的“方中圭兮圆中蟾”，苏轼诗中的“上有双衔绶带双飞鸾”。

（一）拣茶

“茶有小芽，有中芽，有紫芽，有白合，有乌蒂，此不可不辨。”宋人制茶认为水芽为上，小芽次之，中芽又次之。紫芽、白合、乌蒂，不取。若有所杂，就会“首面不匀，色浊而味重也”。

（二）蒸茶

唐宋制茶主要是蒸青。不同的是，宋代对鲜叶原料的把控更为严格。宋代蒸茶之前，先洗涤茶芽，清洗四遍，使洁净，再入甑中蒸。蒸茶的目的主要是破坏酶的活性；散青草气，发展香气的形成；促进酯型儿茶素、蛋白质、糖类等多种内含物质水解转化，提高成茶品质。

（三）榨茶

这一步骤与唐代相比，是宋代的显著特色。榨茶，就是挤压茶叶，去水，去茶汁。《北苑别录》："茶既熟谓茶黄，须淋洗数过，方入小榨，以去其水，又入大榨出其膏。先是包以布帛，束以竹皮，然后入大榨压之，至中夜取出揉匀，复如前入榨，谓之翻榨。彻晓奋击，必至于干净而后已。"榨茶有小榨、大榨与翻榨之序，最后达到"干净"的状态。

（四）研茶

此步骤与唐代的捣茶类似。唐代以杵臼，捣茶的方法和程度是"蒸罢热捣，叶烂而牙笋存焉"。宋代的研茶器具则是"以柯为杵，以瓦为盆"。研茶过程则需要加水。根据茶的等级，规定加水的多少。北苑加水研茶，以每注水研茶至水干为一水，《北苑别录》中有"十二水”“十六水”文，研茶工艺繁杂、讲究。

（五）造茶

类似唐代的拍茶。所用的模具，唐代称规，铁制，有圆形、方形和花形样式；宋代有圈有模，有定形状，饼茶面上饰以纹饰。圈有竹制、铜制与银制的，模多为银制。所造贡茶，有龙团胜雪、上林第一、玉华、瑞云翔龙、小凤等品色，大都饰以龙纹、凤纹，形状有方形、圆形、花形、六边形、玉圭形等。

（六）过黄

此程序与唐代之焙茶相对应，《茶经·二之具》中设计焙茶的场地，以火烤干。宋代称过黄，方法为“初入烈火焙之，次过沸汤爁之，凡如是者三，而后宿一火，至翌日，遂过烟焙焉”。且据团茶的厚薄，规定焙火的次数，《北苑别录》：“銙之厚者，有十火至于十五火。銙之薄者，亦七火至于十火。”

五、“麦粒收来品绝伦，葵花制出样争新”

制茶工艺上的发展，需要各类因素的推动。茶树品种、贡茶制度背景以及品饮审美等方面，都影响制茶工艺，以至于建茶制作精良，是制茶史上的一座高峰。曾巩《尝新茶》诗云："麦粒收来品绝伦，葵花制出样争新。"麦粒，比喻茶芽。葵花，建州茶饼形制。

建州的茶内质佳，香甘醇厚。正是这一品种特色，影响了制茶工艺的创新。宋代饼茶工艺中，榨茶为一特色，可归结于茶树品种原因，"盖建茶味远而力厚，非江茶之比。江茶畏流其膏，建茶惟恐其膏之不尽，膏不尽，则色味重浊矣。"（赵汝砺《北苑别录》）江茶，指江南一带的茶，陆羽撰写《茶经》，其中《八之出》对江浙一带的产茶情况描写最为翔实。

黄儒在《品茶要录》有载：

昔者陆羽号为知茶，然羽之所知者，皆今之所谓草茶。何哉？如鸿渐所论"蒸笋并叶，畏流其膏，盖草茶味短而淡，故常恐去膏；建茶力厚而甘，故惟欲去膏。"

草茶，是宋代对蒸研后不经压榨去膏汁的茶之称呼。综合赵汝砺与黄儒的观点，可知江南一带的茶味短而淡，不宜去膏。建安一带的茶味远而厚，需要去膏，是为追求不重不浊的口感。类似的"榨茶"，清代宗景藩《种茶说》有"做青茶"，"做红茶"二条，分别记曰"用手力揉，去其苦水""用脚揉踩，去其苦水"，是为降低茶的苦涩味，与宋代时原理一致。

关于建安一带茶树的品种，宋子安《东溪试茶录》记有七种茶名，分别是白叶茶、柑叶茶、早茶、细叶茶、稽茶、晚茶、丛茶。时人根据茶叶的形状与特征，以及发芽迟早命名，如柑叶茶，“树高丈余，径头七八寸，叶厚而圆，状类柑橘之叶。其芽发即肥乳，长二寸许，为食茶之上品”。又如早茶，“亦类柑叶，发常先春，民间采制为试焙者”。其中“芽发即肥乳”，是茶芽汁液丰富的意思，是宋代建茶的代表。正因为建茶的内质醇厚，增加了榨茶这一步骤。

唐以煎煮茶为主，至宋代，点茶之法兴起。一是沸水煮，以竹筅搅拌；一为置茶末于盏中，沸水点冲，茶筅击拂。茶末粗细要求有所不同，唐以茶末如细米为上，宋以“黄金碾畔绿尘飞”为标准，而在制茶方面，开始契合宋代点茶这一新主流饮茶法引起的口感变化。

据陆羽《茶经》中的记载，民间饮茶方式多样，“以汤沃焉，谓之痷茶。或用葱、姜、枣、橘皮、茱萸、薄荷之等，煮之百沸，或扬令滑，或煮去沫。”这些并不是陆羽的品饮审美。陆羽讲求茶的真香、真色，不假外求，追求它真正的“珍鲜馥烈”。在饮茶中也提倡俭约之道，说“茶性俭，不宜广，广则其味黯淡”。宋代之饮茶审美有所不同，“茶味主于甘滑”（蔡襄《茶录》），“夫茶以味为上，甘香重滑，为味之全”（赵佶《大观茶论》）。

那么，何种制茶工艺能达到这样“甘香重滑”的品饮需求呢？答案是榨茶。黄儒在《品茶要录》里谈及采造茶叶的要害，其中渍膏一点直接影响了茶汤口感，“茶饼光黄，又如荫润者，榨不干也。榨欲尽去其膏，膏尽则有如干竹叶之色。惟饰首面者，故榨不欲干，以利易售。试时色虽鲜白，其味带苦者，渍膏之病也。”

六、建茶之品——贡茶制度的严苛与品饮风味的转变

陆羽《茶经》：“饮有粗茶、散茶、末茶、饼茶者，乃斫、乃熬、乃炀、乃舂，贮于瓶缶之中，以汤沃焉，谓之痷茶。”列举了当时大略的茶叶品类。宋代茶叶品类主要以外形区分，一为片茶，二为散茶，即压制成饼或块状的固形茶，和未经压制的叶茶。据记载，宋代生产片茶的地区主要有兴国军（今湖北阳新）、饶州（今江西鄱阳）、池州（今安徽贵池）、虔州（今江西赣州）、袁州、临江军（今江西清江）、歙州、潭州、江陵、越州、辰州（今湖南沅陵）、澧州（今湖南津市）、光州（今河南潢川）、鼎州（今湖南常德）及两浙和建安等地。出产散茶的地区主要是淮南、荆湖、归州和江南一带。欧阳修《归田录》：“腊茶出于剑、建，草茶盛于两浙。两浙之品，日注第一。自景佑以后，洪州双井白芽渐盛，近岁制作尤精，囊以红纱，不过一、二两，以常茶十数斤养之，用辟暑湿之气，其品远出日注上，遂为草茶第一。”

即说明这样的情况。

另外一些文献资料与文人诗词中，也反映了当时大量的茶品，有日铸茶、瑞龙茶、双井茶、雅安露芽、蒙顶茶、袁州金片、巴东真香、龙芽、方山露芽、普洱茶等，建州以生产片茶为主，特别是北苑贡茶，极具盛名。建州茶的品类在名称、工艺等方面，逐渐进步，精益求精，是当时制作茶的巅峰。

七、建茶之饮——宋代饮茶方式的变迁

煎茶与点茶是宋代主要的饮茶方式。前者承袭唐代，将研细的茶末投入沸水中煎煮，后者是将茶末置于盏中，再用沸水冲点。从宋代的时代环境看，煎茶是古风，苏辙说“煎茶旧法出西蜀”，点茶是当时主流且普遍的饮茶方式。

宋代的饮茶法主要是点茶，高潮在于“点”，当然要诸美并具：茶品，水品，茶器，技巧“点”的“结果”才可以有风气所推重的精好，而目光所聚，是“点”的那一刻，士人之茶重在意境，煎茶则以它所包含的古意而更有韵味。

陆羽《茶经》：“或用葱、姜、枣、桂皮、茱萸、薄荷之等，煮之百沸，或扬令滑，或煮去沫，斯沟渠间弃水耳，而习俗不已”。他认为这种在茶中加入多种作

料的混煮而饮用的方式，好比沟渠里的水，倡导煎茶求真味真香，则是陆氏茶的出发点。

宋代点茶承唐朝之煎茶。陆羽《茶经》用“煮”，实际上煮茶与煎茶之区别在于煮茶器——鍑与铫，以及后续的分茶方式之不同。而煎茶之程序大体是备器、择水、取水、候汤、炙茶、碾茶、罗茶、煎茶、分茶、品茶、清洁、收纳等。

备器

煎茶器具有风炉、筥、炭挝、火筴、鍑、交床、夹、纸囊、碾、罗合、则、水方、漉水囊、瓢、竹筴、鹾簋、熟盂、碗、畚、札、涤方、滓方、巾、具列、都篮等。

择水

陆羽《茶经》载：山水上，江水中，井水下。山水，拣乳泉、石池浸流者上；江水，取去人远者；井，取汲多者。重视水质的清净及鲜活，所言“挹彼清流”，明张源《茶录》载：“饮茶，惟贵乎茶鲜水灵。”“茶者，水之神。水者，茶之体。非真水莫显其神，非精茶曷窥其体。”张大复《梅花草堂笔谈》云：“茶性必发于水，八分之茶，遇十分之水，茶亦十分矣。八分之水，试十分之茶，茶只八分耳。”

取火

其火，用炭。次用劲薪（桑、槐、桐、枥之类也）。膏木、败器不用（膏木为柏、桂、桧也；败器指朽废木器物）。

候汤

有专用的风炉及茶铫。汤有三沸（水沸之程度）：其沸，如鱼目，微有声为一沸，缘边如涌泉连珠为二沸，腾波鼓浪为三沸，已上水老不可食也。另有虾目、蟹眼的比喻，苏轼《试院煎茶》："蟹眼已过鱼眼生，飕飕欲作松风鸣。"

炙茶

炙烤茶饼，使干燥、发香而利于碾末。

碾茶、罗茶

炙好的茶饼用纸袋装好，隔纸用棰敲碎。纸袋既可防香气散失，又防碎茶飞溅。再将碎茶碾成末，以罗筛茶，使茶末大小均匀，利于煎饮。

煎茶

一沸时，加盐调味。宋代煎茶或不加盐。袁说友《遗建茶于惠老》云："东入吴中晚，团龙第一奁。政须香齿颊，莫惯下姜盐。”二沸时，舀出一瓢水备用，用竹夹在沸水中绕圈搅动，再用“则”量茶末从中心投下。等到沸腾如波涛，即加入方才舀出的那瓢水，即隽永，以救沸育华。育华之“华”，即沫饽，饮之宜人。

分茶

煎茶用铫，铫有流，直接以铫分入茶碗中，使沫饽均匀。

饮茶

饮茶需趁热连饮之，汤冷则“精英”随气而竭，茶味不佳。

八、宋代点茶的盛行

宋、辽、金、元时期的茶法承继唐、五代时期的煮茶、煎茶，而以点茶茶艺为主流。宋代盛行点茶、斗茶、分茶。蔡襄《茶录》、宋徽宗《大观茶论》等茶书，对宋代点茶艺术做了详细的总结。归纳点茶法的程序有备器、择水、取火、候汤、洗茶、炙茶、碾罗、熁盏、点茶、品茶等。

备器

点茶法的主要器具有茶炉、汤瓶、茶勺、茶筅、茶碾、茶磨、茶罗、茶盏等。

择水、取火

同煎茶法。

候汤

蔡襄《茶录》载“候汤最难，未熟则沫浮，过熟、则茶沉”，可见点茶时注水的水温控制非常重要。宋徽宗《大观茶论》有载：“汤以蟹目鱼眼连绎并跃为度”，点茶水温较煎茶为低，约相当于煎茶所谓的一沸水。煮水用汤瓶，汤瓶细口、长流、有柄，瓶小易候汤，且点茶注汤有准。

洗茶、炙茶

经年陈茶先以汤渍之，刮去膏油，再以微火炙干。

碾磨罗茶

饼茶先用纸密裹捶碎，经碾成末，继之磨成粉，再以罗筛匀。

熁盏

点茶前须先熁盏，盏冷则茶沫不浮。

点茶

用茶勺抄茶粉入盏，先注入少许水令均匀，谓之“调膏”，继之量茶受汤，边注汤边用茶筅“击拂”。宋徽宗《大观茶论》载“乳雾汹涌，周回凝而不动，谓之咬盏”，即用茶筅击拂至汤面满布细小洁白的汤花，才能显现点茶技艺的高超。

品茶

点茶一般是在茶盏里直接点，不加任何佐料，直接持盏饮用。也可用大茶碗点茶，再分到小茶盏里品饮。

九、宋代饮茶美学

宋代的建州经济和文化的繁荣，使得建茶（包括建州属地、建溪两岸所产之茶）进入快速发展阶段。当时，经济发达，达官贵人“沐浴膏泽，咏歌升平之日久矣”（黄儒《品茶要录》），饮茶之风盛行。无论是斗茶、点茶还是煎茶，都极具饮茶美学艺术风范，明代文人黄龙德言饮茶意境，提炼了饮茶的美学特质，有诗为证：

僧房道院，饮何清也。山林泉石，饮何幽也。焚香鼓琴，

饮何雅也。试水斗茗，饮何雄也。梦回卷把，饮何美也。（黄龙德《茶说》）

“斗茶味兮轻醍醐，斗茶香兮薄兰芷”

范仲淹在《和章岷从事斗茶歌》中记述了当时的点茶斗试之风，展现的是雄壮之美：“北苑将期献天子，林下雄豪先斗美”，“其间品第胡能欺，十目视而十手指”，“斗茶味兮轻醍醐，斗茶香兮薄兰芷”。宋代点茶是将团饼茶碾成茶末后，置于茶盏中，边注汤边以茶匙或茶筅击拂搅拌而后饮；而斗茶，也称“茗战”，胜负要诀主要包括茶质的优劣、茶色的鉴别和点茶技术的高拙。在刘松年绘《茗园赌市图》中，民间斗茶，盛况空前。

“二者相遭兔瓯面，怪怪奇奇真善幻”

在孙机《中国古代物质文化》说的抹茶法角度下，品饮美学表现在茶汤泡沫的自然变幻和须臾之美。西晋杜育《荈赋》描写了汤华之美：“惟兹初成，沫沉华浮。焕如积雪，晔若春敷。”至陆羽《茶经》则更为细微精妙：

沫饽，汤之华也。华之薄者曰沫，厚者曰饽，细轻者曰花。花如枣花漂漂然于环池之上，又如回潭曲渚青萍之始生，又如晴天爽朗，有浮云鳞然。其沫者，若绿钱浮于水渭，又如菊英堕于鐏俎之中。饽者，以滓煮之，及沸，则重华累沫，皤皤然若积雪耳。

皮日休《茶中杂咏·茶瓯》有载：“枣花势旋眼，苹沫香沾齿。”，其中“枣花”“苹沫”典出《茶经》。陆羽《茶经》高度总结、提炼了茶道内涵，加上制茶技术的提升与成熟，品茶生活进入了更加广泛的社会阶层。然而，“饮茶真正成为全社会的时尚，这时茶的文化意蕴也发生了变化，其凝重、深沉的要素消失了，取而代之的是轻松、明快。”（关剑平《文化传播视野下的茶文化研究》）至宋代，汤瓶点茶，茶筅击拂，有“生成盏”“茶百戏”“漏影春”等分茶方式。

赵佶在《大观茶论》中有传神之笔：

“手轻筅重，指绕腕旋，上下透彻，如酵蘖之起面。疏星皎月，灿然而生，则茶面根本立矣。”

“急注急上，茶面不动，击拂既力，色泽渐开，珠玑磊落。”

“粟文蟹眼，泛结杂起，茶之色十已得其六七。”

“其真精华彩，既已焕发，云雾渐生。”

“结浚霭，结凝雪，茶色尽矣。”

疏星皎月、珠玑磊落、粟文蟹眼、云雾、浚霭、凝雪的比喻，与陆羽之说有异曲同工之妙。同时，在点茶过程中，可欣赏多种茶汤纹路的变幻。关于分茶，宋代诗人杨万里《澹庵坐上观显上人分茶》有云：

分茶何似煎茶好，煎茶不似分茶巧。

蒸水老禅弄泉手，隆兴元春新玉爪。

二者相遭兔瓯面，怪怪奇奇真善幻。

纷如擘絮行太空，影落寒江能万变。

银瓶首下仍尻高，注汤作字势嫖姚。

诗中描写显上人以兔毫盏、银瓶点出善幻的分茶，即注汤作字。分茶似游艺，故云“戏”也。茶汤上“游戏”，前有陶谷《荈茗录》的“茶百戏”：“近世有下汤运匕，别施妙诀，使汤纹水脉成物象者，禽兽虫鱼花草之属，纤巧如画，但须臾即就散灭。”运匕在汤上作水脉纹路。从三国至宋代，其间无论是茶的加工技术，还是茶具的取舍都有一些变化，但是茶汤的样子却无根本变化。

由此可见，魏晋南北朝与唐宋乃至元明时代的饮茶方式一脉相承。这不变的茶汤样子，即汤花的“幻变”，联结文人的想象，天马行空，与自然融合。

苏轼是宋代文人煎茶的代表，有《试院煎茶》《汲江煎茶》等作品，其弟苏辙作《和子瞻煎茶》与之呼应、探讨煎茶之要领，“煎茶旧法出西蜀，水声火候犹能谙。相传煎茶只煎水，茶性仍存偏有味”。明代徐渭《煎茶七类》凝练其要如下：

人品：煎茶虽微清小雅，然要领其人与茶品相得，故其法每传于高流大隐、云霞泉石之辈、鱼虾麋鹿之俦。

品泉：山水为上，江水次之，井水又次之。并贵汲多，又贵旋汲，汲多水活，味倍清新，汲久贮陈，味减鲜洌。

烹点：烹用活火，候汤眼鳞鳞起，沫浡鼓泛，投茗器中，初入汤少许，候汤茗相浃却复满注。顷间，云脚渐开，浮花浮面，味奏全功矣。盖古茶用碾屑团饼，味则易出，今叶茶是尚，骤则味亏，过熟则味昏底滞。

尝茶：先涤漱，既乃徐啜，甘津潮舌，孤清自萦，设杂以他果，香、味俱夺。

茶宜：凉台静室，明窗曲几，僧寮、道院，松风竹月，晏坐行吟，清谭把卷。

茶侣：翰卿墨客，缁流羽士，逸老散人或轩冕之徒，超然世味也。

茶勋：除烦雪滞，涤醒破疾，谭渴书倦，此际策勋，不减凌烟。

在择水、备火、候汤等技法上，用心细腻，而文人煎茶还包括了“境”的营造，“德”的要求，陆羽“最宜精行俭德”与蔡襄的茶学思想一脉相承。蔡襄独爱建茶，苏轼也以为它似君子：“森然可爱不可慢，骨清肉腻和且正。”“骨清肉腻”则描写了茶之清雅与细腻，是茶香和茶味的表达，在《叶嘉传》中，又有“清白可爱”“风味德馨”之语。因此，宋代文人对建州的茶不吝溢美之词，纷纷将之展现在他们的事茶生活中，逐渐成为风靡一时的生活方式，传承至今。

十、千年建州茶与“龙团凤饼”

自唐宋以来的千年悠久历史，奠定建州茶文化深厚底蕴。北苑之“最”则是北苑贡茶，北苑贡茶中又属“龙团凤饼”最为出名。宋代品茶之精致，要归功于蔡襄，没有他对建茶文化的大力推广，就没有“龙团凤饼”中“小龙团”作为贡茶的辉煌。天下之茶建为“最”，建之北苑又为“最”。自南唐于建州（今建瓯）北苑设龙焙造贡茶，山水奇秀的建瓯便成了天下瞩目的名茶产区。

“龙团凤饼”最早出现在北宋时期，宋太宗遣使至建安北苑（今福建省建瓯市东峰镇）监督制造，是北宋皇家专用的贡茶。“龙团凤饼”茶饼表面上印有龙凤图案的纹饰，制作精美，深受帝王喜爱，可谓是古代制茶史上的顶峰代表作之一。

“龙团凤饼”有“始于丁谓，成于蔡襄”之说。宋朝因茶业中心南移，南唐接管北苑后就南移到北苑并扩大了规模。丁谓于宋真宗至道初到北苑，后蔡襄专门改制了一种小龙团茶，二十余饼一斤，比大龙凤团茶更加精美，后来广为流传的“小龙团”也由此而来。

北苑贡茶主产区在古代建安县吉苑里，即今建瓯市东峰镇境内，位于福建省北部，闽江上游，武夷山脉东南面、鹫峰山脉西北侧。属中亚热带海洋性季风气候，年平均气温 19.3 摄氏度，降雨量 1600—1800 毫米，适宜茶叶的种植与生长。北宋开宝末年（975），灭南唐，收北苑。《宣和北苑贡茶录》载："太平兴国初（977）特置龙凤模，遣使即北苑造团茶，以别庶饮，龙凤茶盖始于此"。千年建州浓墨重彩的辉煌，"龙团凤饼"之所以能名扬天下，除了精美的外观之外，还因为它在制作工艺上的精益求精。

下面是文津阁四库全书本《宣和北苑贡茶录》中记录的贡茶图谱，从中可以一窥宋朝登峰造极的制茶技艺。

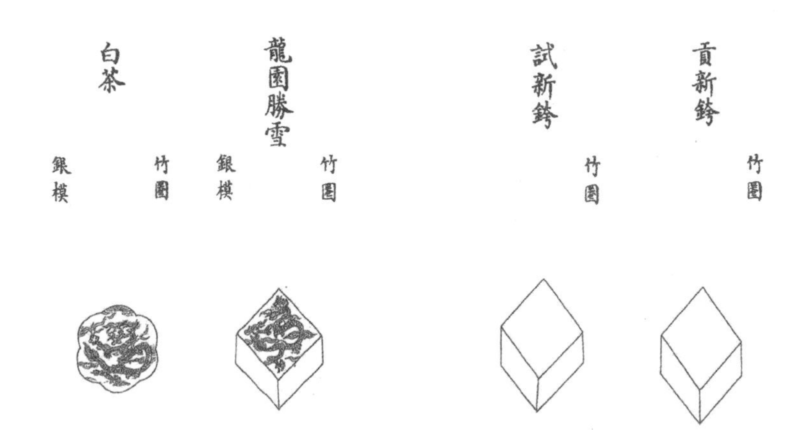

御苑玉芽

銀圈 銀模

萬壽龍芽

銀圈 銀模

上林第一

按此條原本闕圈模

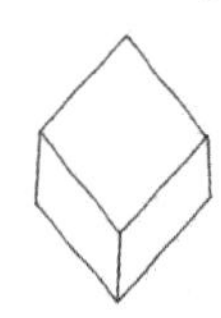

乙夜供清

竹圈

承平雅玩

竹圈

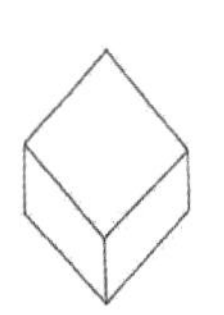

龍鳳英華

按此條原本闕圈模

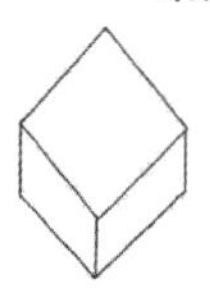

玉除清賞

按此條原本闕圈模

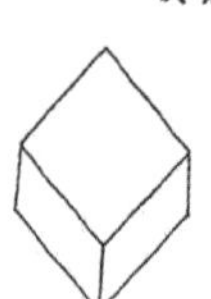

啓沃承恩

竹圈

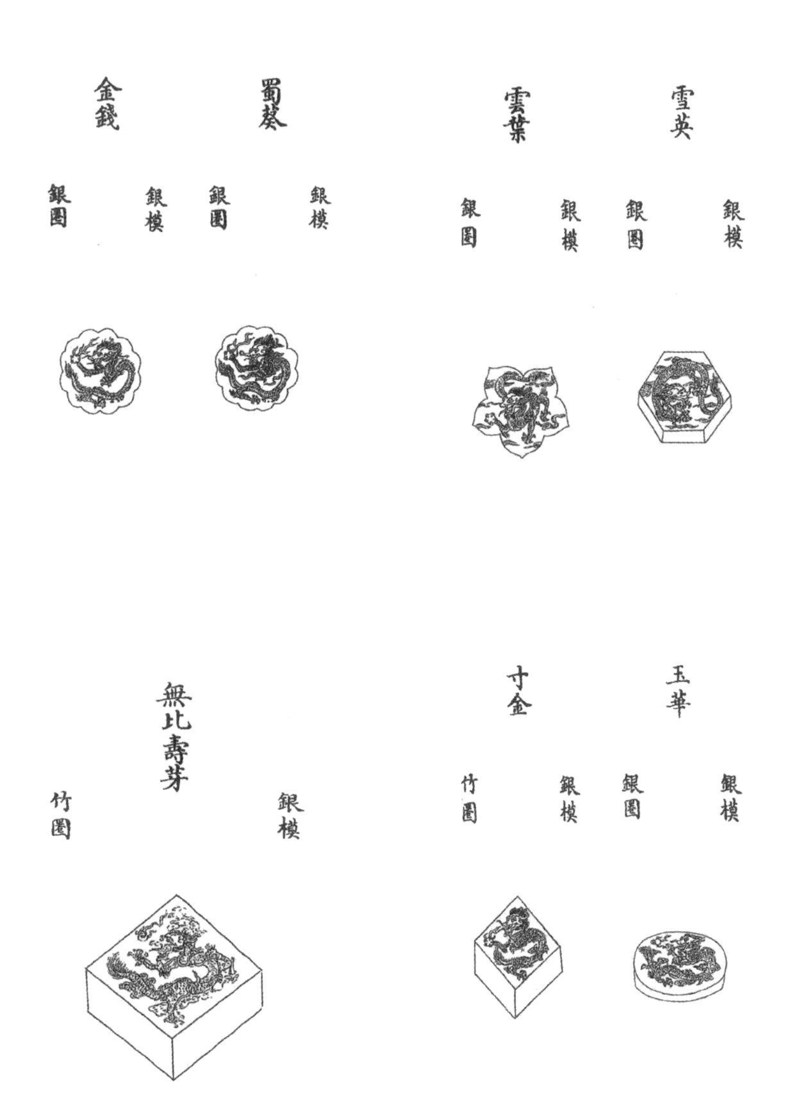
金錢
銀圈
銀模
蜀葵
銀圈
銀模
雲葉
銀圈
銀模
雪英
銀圈
銀模
無比壽芽
竹圈
銀模
寸金
竹圈
銀模
玉華
銀圈
銀模

萬春銀葉

銀模

銀圈

宜年寶玉

銀模

銀圈

玉清慶雲

銀模

銀圈

無疆壽龍

銀模

竹圈

玉葉長春

竹圈

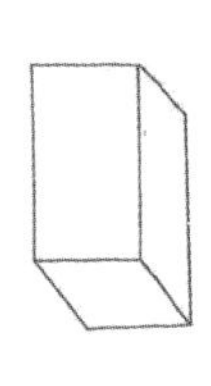

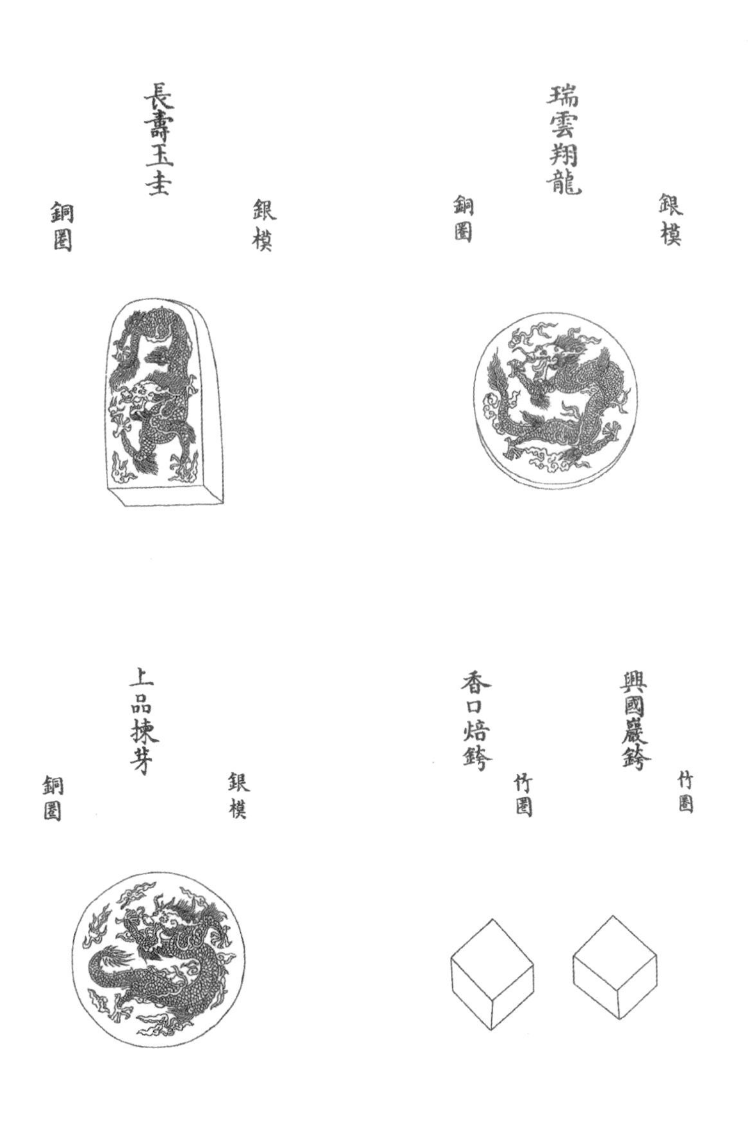
長壽玉圭
銅圈
銀模
瑞雲翔龍
銅圈
銀模
上品揀芽
銅圈
銀模
香口焙銙
竹圈
興國巖銙
竹圈

太平嘉瑞

銅圈 銀模

新收揀芽

銅圈 銀模

興國巖揀芽

銀模 銀圈

南山應瑞

銀圈 銀模

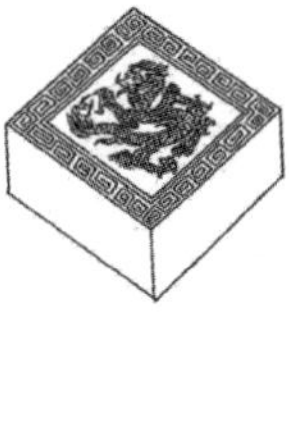

龍苑報春

銅圈 銀模

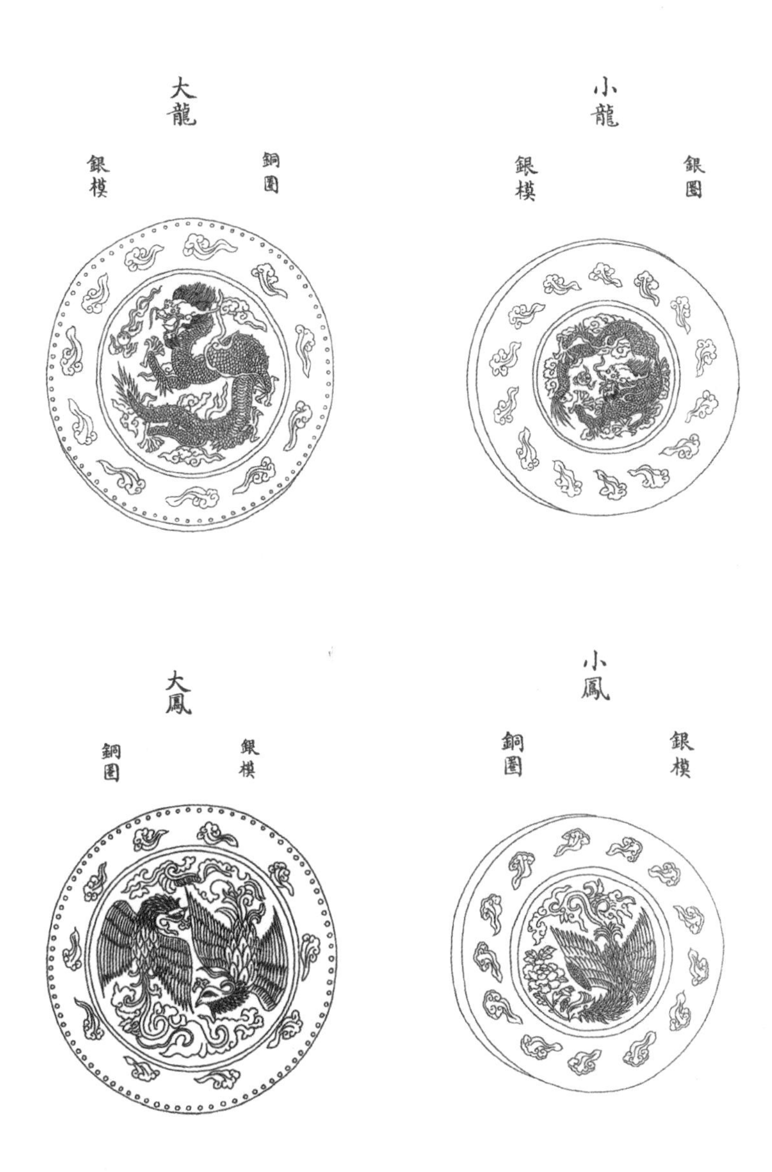
大龍
銀模
銅圈
小龍
銀模
銀圈
大鳳
銅圈
銀模
小鳳
銅圈
銀模

宋赵汝砺《北苑别录》载：“北苑茶制作需要经过采茶、拣茶、蒸茶、榨茶、研茶、造茶、过黄（焙茶）等七道工序。”

采茶

日出露曦，则芽之膏腴立耗于内。采茶时，用指甲断茶，而不用手指。因手指多温，茶芽受汗气熏渍不鲜洁，指甲可以速断而不揉。采摘时，每人随身自带新汲清水，茶芽摘下后放入水里浸泡，以保持其鲜洁。采择的部位不同，制作的茶品也不同。极品叫“水芽”，把茶芽蒸熟，置于水盆中，剔取芽芯，仅如针小，谓之水芽；上等叫“小芽”，单株芽头，形如雀舌米粒；其次叫“中芽”，一芽带一叶，称为“一枪一旗”；还有紫芽、白合、乌蒂等。水芽为上，小芽次之，中芽又次之，其余皆不取。这也是北苑茶精贵的重要原因之一。

拣芽

采摘后每个茶芽都需去乌蒂、白合，以防茶色黄黑，味苦涩。

蒸茶

茶芽拣好以后，用建安县凤凰山的龙焙泉，又名御泉，用其所产的“御泉水”进行洗涤，放入甑器中，待水沸后蒸熟。

榨茶

把蒸熟的茶叶用泉水冷却，先是用布帛，束以竹皮，然后榨压出茶汁。

研茶

榨干的茶叶倒入陶研盆，以木棍为杵冲击，研磨出均匀而细腻的茶膏。分团酌水，极为考究，每研一次要注一次水，捣到水干茶热为止，十二水以上，最高可至十六水。日研一团，六水以下，日研三至七团。

造茶、过黄

要求压以银板为大小龙团，必须使用纯净的炭火用以烘焙，以利于长期保存。火数的多寡，与茶铐的厚薄有关，茶铐厚的需焙十至十五宿火，薄的需焙七至十宿火。火数焙足之后是过汤出色，编框封焙。这样制出的“龙团凤饼”，团团都是色泽光莹、品相夺目的精品和极品。

古树千年绿，芳芽万里香；建瓯三盏品，北苑四时尝。正因其茶技之精，制茶技艺繁复，需要用时间和技艺来沉淀，让“龙团凤饼”的风韵在变化的时间里，依旧保持滋味不变。

欧阳修曾说过“茶之品，莫贵于龙凤，谓之小团，凡二十八片，重一斤，其价值金二两。然金可得，而茶不可得”，可见“龙团凤饼”价值之“重”。

因此，正是《茶录》一书将宋朝建州茶文化推向了空前繁荣的高峰，因此可以说，没有蔡襄，没有《茶录》，则没有北苑贡茶“龙团凤饼”昔日的荣光，更不会有“小龙团”这样“龙团凤饼”中的极品问世。时至今日，曾价值千金的北苑贡茶回归质朴，将北苑贡茶制作技艺之“精”世代传承下去，任重而道远。

第六章　宋代经典茶诗鉴赏

第一节 蔡襄笔下的茶与茶诗

蔡襄的代表性著作除了《茶录》《荔枝谱》等外，还著有大量与茶相关题材的诗，主要茶诗有《即惠山煮茶》《修贡亭》《和杜相公谢寄茶》《北苑十咏》《六月八日山堂试茶》等。这些茶诗题材广泛、内涵丰富，《即惠山煮茶》写茶泉，《修贡亭》写贡茶，《和杜相公谢寄茶》写茶道礼仪，《北苑十咏》写茶园、茶叶采摘加工与煎茶、饮茶，从茶诗的内容和文化内涵来看，蔡襄博览群书，涉猎甚广，茶学底蕴深厚，堪称一代名家。

一、建瓯北苑咏茶

历庆七年（1047），蔡襄任福建转运使，在建安办理茶务。其时北苑以产龙茶闻名，为贡品。蔡襄在任期间，改造当地的小龙团茶，促进茶叶生产的发展。与此同时，监造龙凤团茶，并咏诗十首，以纪其盛。

《北苑十咏》全诗见本书第一章第二节。

二、无锡惠山煮茶

宋皇祐二年（1051），蔡襄因丁父忧而在家服丧三年，至此服阕，朝廷以右正言同修起居注为召。是月，蔡襄携家眷启程，赴京就职。翌年二月，蔡襄抵杭州，后继续前进，过无锡，登惠山。因无锡惠山之上有名泉，号称“天下第二泉”，遂煮茶论道，作《即惠山煮茶》诗一首，其文如下：

此泉何以珍，适与真茶遇。
在物两称绝，于予独得趣。
鲜香箸下云，甘滑杯中露。
当能变俗骨，岂特湔尘虑。
昼静清风生，飘萧入庭树。
中含古人意，来者庶冥悟。

三、和茶诗

（一）和杜衍寄茶

皇佑四年（1052），蔡襄在泉州任上，兴修万安渡桥（又名洛阳桥），至二月竣工，蔡襄亲自执笔作记，“为之合乐宴饮而落之”。不久，杜衍给蔡襄寄诗并茶，互道契阔。于是，蔡襄赋诗致谢：

和杜相公谢寄茶

破春龙焙走新茶，尽是西溪近社芽。

才拆缄封思退传，为留甘旨减藏家。

鲜明香色凝云液，清彻神情敌露华。

却笑虚名陆鸿渐，曾无贤相作诗夸。

谢杜相公并引

伏睹宫傅相公精词健笔，辄然成咏，敢触冒战锋，但伸勤勤之至。

谢政闲宫傅，当年老相君。

诗情通造化，笔力作风云。

是则经纶手，施于淡泊文。

捧窥心感悸，无路候公门。

此番和诗，接下来还引出了梅尧臣的这首新诗，传为一段佳话：

和杜相公谢蔡君谟寄茶

天子岁尝龙焙茶，茶官催摘雨前芽。

团香已入中都府，斗品争传太傅家。

小石冷泉留早味，紫泥新品泛春华。

吴中内史才多少，从此莼羹不足夸。

后来，大文豪欧阳修也凑了热闹，作了这首传世佳作：

和梅公仪尝建茶

溪山击鼓助雷惊，逗晓灵芽发翠茎。

摘处两旗香可爱，贡来双凤品尤精。

寒侵病骨惟思睡，花落春愁未解酲。

喜共紫瓯吟且酌，羡君潇洒有余清。

（二）和孙之翰

嘉祐元年至二年，蔡襄寄茶给孙之翰，并作和诗一首，如下：

和诗送茶寄孙之翰

北苑灵芽天下精，要须寒过入春生。

故人偏爱云腴白，佳句遥传玉律清。

衰病万缘皆绝虑，甘香一种未忘情。

封题原是山家宝，尽日虚堂试品程。

四、福州薛老亭

嘉祐二年，蔡襄在福州任上，曾到福州城西的乌山向阳峰游玩，坐于薛老亭饮酒，自适其意，并赋诗以纪其事。随后，他还将新诗及茶一并寄给梅尧臣，分享乐趣：

饮薛老亭晚归

终日行山不出城，城中山势与云平。

万家市井鱼盐合，千里川原彩画明。

坐上潮风醒酒力，晚来岩雾盖钟声。

归时休更燃官烛，在处纱灯夹道迎。

梅尧臣则回诗道：

得福州蔡君谟薛老亭诗并茶

薛老大字留山峰，百尺倒插非人踪。

其下长乐太守书，矫然变怪神渊龙。

薛老阿谁果有意，千古乃与奇笔逢。

太守姓出东汉邕，名齐晋魏王与钟。

尺题寄我怜衰翁，刮青茗笼藤缠封。

纸中七十有一字，丹砂铁颗攒芙蓉。

光照陋室恐飞去，锁以漆箧缄重重。

茶开片銙碾叶白，亭午一啜驱昏慵。

颜生枕肱饮瓢水，韩子饭齑居辟雍。

虽穷且老不愧昔，远荷好事纾情悰。

五、杭州山堂试茶

治平三年（1066），蔡襄在杭州任上。三月十五日，作《山堂诗帖》。其中，十二日晚有诗曰：

欲寻轩槛倒清樽，江上烟云向晚昏。

须倩东风吹散雨，明朝却待入花园。

十三日作《吉祥院探花》，诗曰：

花未全开月未圆，看花待月思依然。

明知花月无情物，若使多情更可怜。

十五日遂郑重书写，落款“山堂书”。至六月初八，又作《六月八日山堂试茶》诗一首，表达出他孤寂的心情。诗曰：

湖上画船风送客，江边红烛夜还家。

今朝寂寞山堂里，独对炎晖看雪花。

第二节　其他宋代名家茶诗赏析

茶，原产于中国，中国是茶的国度，也是诗的国度。以茶为媒，以诗言志，茶诗为历代文人墨客所钟爱。中国茶道兴盛于唐宋，自陆羽《茶经》问世之后，茶事生活受到了上至宫廷贵族，下至文人士大夫阶层的广泛关注。宋代是中国茶文化史上的巅峰时代，宋代知识分子常以饮茶为乐，以爱茶为悦，以精研茶事为人生四大雅事。

本节既是欣赏宋代茶诗之美，也是了解宋代茶文化的一面镜子，选取的茶诗均具有代表性。茶诗中除了前文蔡襄《茶录》及其茶诗外，既有北宋的王安石、范仲淹、梅尧臣、苏轼，也有南宋的朱熹、杜耒、李南金、白玉蟾等文坛名士，名家荟萃。既有写品茶、鉴茶的，也有写种茶、斗茶的，既有写天下名茶的，如建州茶、龙凤团茶、七宝茶、双井茶、蜀茶、蒙顶茶的，也有描述宋代饮茶方式和各类茶器的，可谓异彩纷呈，通过本节，可以一窥宋代茶文化的风采。

北苑焙新茶

北宋·丁谓

北苑龙茶者，甘鲜的是珍。

四方惟数此，万物更无新。

才吐微茫绿，初沾少许春。

散寻萦树遍，急采上山频。

宿叶寒犹在，芳芽冷未伸。

茅茨溪口焙，篮笼雨中民。

长疾勾萌并，开齐分两均。

带烟蒸雀舌，和露叠龙鳞。

作贡胜诸道，先尝祇一人。

缄封瞻阙下，邮传渡江滨。

特旨留丹禁，殊恩赐近臣。

啜为灵药助，用与上樽亲。

头进英华尽，初烹气味醇。

细香胜却麝，浅色过于筠。

顾渚惭投木，宜都愧积薪。

年年号供御，天产壮瓯闽。

【解析】

该诗是宋代茶诗中赞咏北苑御茶的传世佳作，全诗以五言排律，以赞茶、采茶、贡茶、品茶为内容，写得气势磅礴、颇有气韵，在诗中作者对比四方名茶，赞扬北苑贡茶“甘鲜”，堪称茶中珍品，描述了北苑贡茶采摘对时令的严格要求，要在“才吐微茫绿”时，上山“争采”，叙说了茶农为此付出的艰辛，以及他们巧手精制贡茶的过程，写到北苑贡茶在经过水道送入皇宫，还要经拆封、查验。先尝为快的，也唯有帝王一人，其次才作为恩宠赐予“近臣”，而近臣又不敢独享，还要带回孝敬“尊亲”。经过诗人如此渲染，可知北苑茶之名贵，其色胜青竹，其香超麝香，其味醇妙。作为皇家贡茶，在丁谓看来，产自建瓯的北苑贡茶胜过当世的所有天下名茶。

寄茶与平甫

北宋 · 王安石

碧月团团堕九天，封题寄与洛中仙。

石楼试水宜频啜，金谷看花莫谩煎。

【解析】

此诗是王安石给弟弟王安国寄茶所作，当时王安国在洛阳做官，所以被称为“洛中仙”。诗人提醒弟弟，品茶时，场所不同，会影响茶的温度和香气的聚拢。不能因为看牡丹而随意煎茶，体现了王安石对茶的重视和对品茶的体会。

龙凤茶

北宋·王禹偁

样标龙凤号题新，赐得还因作近臣。

烹处岂期商岭外，碾时空想建溪春。

香于九畹芳兰气，圆似三秋皓月轮。

爱惜不尝惟恐尽，除将供养白头亲。

【解析】

此诗写诗人得赐龙凤茶烹制时不仅浮想联翩：如果用商岭泉烹茶，斟于茶瓯之中定会香比兰花。在尝过贡茶之后舍不得吃，还要留下一些侍奉白发父母。此诗是以御赐“龙团凤饼”孝敬父母的诗，一片忠臣孝子之心跃然纸上。

七宝茶

北宋·梅尧臣

七物甘香杂蕊茶，浮花泛绿乱于霞。

啜之始觉君恩重，休作寻常一等夸。

【解析】

作者梅尧臣，字圣俞，宣州宣城（今属安徽）人，世称梅宛陵。官至尚书都官员外郎，与欧阳修同为北宋文坛领袖，此诗所咏“七宝茶”，有一种药茶名“七鲜茶”，用鲜藿香、鲜佩兰、鲜荷叶、鲜竹叶、鲜薄荷、鲜芦根、鲜石斛各十克，共切碎成粗末，煎水代茶饮，有芳香化浊、清凉解暑的成效，适用于小儿夏季酷热、口渴较显者。“七物甘香杂蕊茶，浮花泛绿乱于霞”，应是添加七种配料和茶一同烹煎。出自宫廷，皇帝所赐，是极端宝贵的配料和名贵的茶叶，自然“休作寻常一等夸”。七宝茶之史实，因为此诗而流传于世，因此，梅尧臣此诗的茶历史价值非凡。

和章岷从事斗茶歌

北宋·范仲淹

年年春自东南来，建溪先暖冰微开。

溪边奇茗冠天下，武夷仙人从古栽。

新雷昨夜发何处，家家嬉笑穿云去。

露牙错落一番荣，缀玉含珠散嘉树。

终朝采掇未盈襜，唯求精粹不敢贪。

研膏焙乳有雅制，方中圭兮圆中蟾。

北苑将期献天子，林下雄豪先斗美。

鼎磨云外首山铜，瓶携江上中泠水。

黄金碾畔绿尘飞，紫玉瓯心雪涛起。

斗余味兮轻醍醐，斗余香兮薄兰芷。

其间品第胡能欺，十目视而十手指。

胜若登仙不可攀，输同降将无穷耻。

于嗟天产石上英，论功不愧阶前蓂。

众人之浊我可清，千日之醉我可醒。

屈原试与招魂魄，刘伶却得闻雷霆。

卢仝敢不歌，陆羽须作经。

森然万象中，焉知无茶星。

商山丈人休茹芝，首阳先生休采薇。

长安酒价减千万，成都药市无光辉。

不如仙山一啜好，泠然便欲乘风飞。

君莫羡，花间女郎只斗草，赢得珠玑满斗归。

【解析】

此诗为范仲淹为和章岷诗而作，斗茶之风盛于北宋，述之最详且最早者，当为此。此诗不惟记斗茶，凡采茶、焙茶、制茶，一应茶之故事，亦无不包容于此。宋代仍然沿袭着前朝的贡茶制度，并在北苑出现了官焙茶园。宋代的北苑官焙设在建安。北苑所产之茶，是贡入宫中的贡茶，以采制时间分为社前、火前、雨前，品级依次递减。朝廷每每取部分所贡之茶分赐臣下，依据所赐之人的品第高下，赐以不同品质的茶。特别是有新品或上品贡入，得到赏赐的臣子无不欢欣鼓舞，如获至宝。由此，也产生了相互攀比竞技的斗茶。所谓“斗茶”，一是茶的比拼，即以“新”“早”争高下；另为早已流传在福建地区的所谓“茗战”。斗茶之风，已不仅仅是民间习俗，更风靡朝野，带动整个社会，成为宋代茶文化中不可或缺的环节。好水、好技艺，方能点出一盏“轻醍醐”“薄兰芷”的好茶。

宋人以白为佳，《青琐高议》曾载有蔡襄改范仲淹此诗中“黄金碾畔绿尘飞，碧玉瓯中翠涛起”为“黄金碾畔玉尘飞，碧玉瓯中素涛起”，蔡襄《茶录》中对斗茶的评判有一个简要的概括：“视其面色鲜白、着盏无水痕为绝佳”，“建安斗茶，以青白胜黄白”。宋徽宗在《大观茶论》中也说：“以纯白为上真，青白为次，灰白次之，黄白又次之。”至于以水痕判胜负，更是直接影响到专业斗茶的出现。宋代斗茶有专门的工具，茶盏为斗笠状，上敞下收。碗以深色黑色或褐色为佳，以突出茶汤之白。点好的茶汤，上佳者沫饽细腻而丰富，且历久不散。

监郡吴殿丞惠以笔墨建茶各吟一绝谢之·茶

北宋·林逋

石碾轻飞瑟瑟尘，乳花烹出建溪春。

世间绝品人难识，闲对茶经忆古人。

【解析】

林逋，北宋著名诗人。自幼通晓经史百家，一生嗜茶，曾漫游江淮间，后隐居杭州西湖，结庐孤山。常驾小舟遍游西湖诸寺庙，与高僧诗友相往还。种梅养鹤，自谓“梅妻鹤子”。每逢客至，叫门童子纵鹤放飞，林逋见必棹舟归来。《山园小梅》诗中“疏影横斜水清浅，暗香浮动月黄昏”两句，被誉为千古咏梅绝唱。林逋善绘画，工行草，书法瘦挺劲健，诗自写胸臆，风格澄澈淡远。此诗用“瑟瑟尘”和“乳花”来称赞“北苑贡茶”品质甚佳，感叹陆羽不识建州这种“世间绝品”，同时也表达自己孤高自好、知音难求的无奈。

谢长安孙舍人寄惠蜀笺并茶二首

北宋·魏野

谁将新茗寄柴扉，京兆孙家小紫薇。

鼎是舒州烹始称，瓯除越国贮皆非。

卢仝诗里功堪比，陆羽经中法可依。

不敢频尝无别意，却嫌睡少梦君稀。

【解析】

此诗为作者魏野为答谢长安孙舍人惠寄蜀茶而作，收到新茶后，他以舒州茶鼎煮之，以越州茶碗盛之，以陆羽《茶经》

之法烹之，以卢仝之功饮之。茶诗如此写者，可谓别具一格矣，而结句别开一笔，引出自己对寄茶者的无限思念和感激之意。作者诗效法姚合、贾岛，苦力求工；但诗风清淡朴实，并没有艰涩苦瘦的不足。卢仝诗，指卢仝著名茶诗《走笔谢孟谏议寄新茶》，陆羽经，即陆羽《茶经》。魏野一生嗜茶，为后人所称道。此诗也是宋代茶诗中的经典之作。

试院煎茶

北宋·苏轼

蟹眼已过鱼眼生，飕飕欲作松风鸣。
蒙茸出磨细珠落，眩转绕瓯飞雪轻。
银瓶泻汤夸第一，未识古人煎水意。
君不见，昔时李生好客手自煎，贵从活火发新泉。
又不见，今时潞公煎茶学西蜀，定州花瓷琢红玉。
我今贫病常苦饥，分无玉碗捧峨眉。
且学公家作茗饮，砖炉石铫行相随。
不用撑肠拄腹文字五千卷，但愿一瓯常及睡足日高时。

【解析】

此诗道尽了文人烹茶的情趣，回顾了古今名士的茗饮风采，也表达了苏轼此际因贫病苦饥不能得茶饮之精品而以一瓯知足的自慰心结。“蟹眼已过鱼眼生，飕飕欲作松风鸣”写出了候汤的绝佳境界：煮水以初沸时泛起如蟹眼鱼目状小气泡，发出似松涛之声时为适度，最能发新泉引茶香。煮沸过度则谓“老”，失去鲜活。一生嗜茶的苏轼对烹茶器具和饮茶用具很讲究，认为“铜腥铁涩不宜泉”，用铜器铁壶烹茶有腥气涩味。这首茶诗表达了作者不图两腋生羽翼，不图开拓文思下笔千言，不图有峨眉侍茶，不图有李生的好茶艺，不图有路公的好茶具，只求喝得一瓯茶，一觉睡到日高时的闲适心情，为宋代茶诗中的精品。

汲江煎茶

北宋・苏轼

活水还须活火烹，自临钓石汲深清。

大瓢贮月归春瓮，小杓分江入夜瓶。

雪乳已翻煎处脚，松风忽作泻时声。

枯肠未易禁三碗，坐数荒村长短更。

【解析】

此诗是苏轼被贬儋州所作，描写了作者月夜江边汲水煎茶的细节：汲水、舀水、煮茶、斟茶、喝茶到听更的全部过程，展现了被贬后的落寞心情，以茶排遣心中的孤寂，屡遭谪贬却豁达超脱的苏轼笑对人生，不仅唱出了“九死南荒吾不悔，兹游奇绝冠平生”的昂扬诗句，更在这远离中原文明的蛮风疠雨中，寻找到了生活滋味，以煎茶品饮的方式，来滋润饱受创伤的心灵。作者不惧老迈的身躯，到清深江水中取活水，并亲自生火烹茶，看那白乳茶汤翻滚，犹如听到松风和鸣，再饮上三碗茶汤，于是逸兴遄飞，诗情横逸，久久不能入睡。特别是“大瓢贮月归春瓮，小杓分江入夜瓶。”写得颇有气魄，体现了作者的豪放之情，南宋的胡仔会惊叹道：“此诗奇甚，道尽烹茶之妙”。南宋诗人杨万里更赞美道：“七言八向，一篇之中，句向皆奇，古今作者皆难之”，因此，此诗被后世誉为“句句皆奇，字字珠玑”的经典，也是苏轼平生所作的最后一首茶诗。

惠山谒钱道人烹小龙团登绝顶望太湖

北宋・苏轼

踏遍江南南岸山，逢山未免更留连。

独携天上小团月，来试人间第二泉。

石路萦回九龙脊，水光翻动五湖天。

孙登无语空归去，半岭松声万壑传。

【解析】

此诗是作者苏轼出任杭州通判，在赴镇江途中迫不及待地带着御赐贡茶特意到无锡惠山来试二泉，试过后，对泉水称赞有加，兴奋之余登临惠山眺望太湖做此千古名句，堪称宋代豪放诗中的经典，亦是宋代茶诗中的佳作。

记梦回文两首

北宋·苏轼

酡颜玉碗捧纤纤，乱点余花唾碧衫。

歌咽水云凝静院，梦惊松雪落空岩。

空花落尽酒倾缸，日上山融雪涨江。

红焙浅瓯新活火，龙团小碾斗晴窗。

【解析】

此诗记述的是苏轼在大雪初晴的时候做梦梦见的景象，梦醒后记述下来为诗，被誉为“古今最美的回文茶诗”，大文豪苏轼爱茶就连做梦也在品茶吟诗，醒后还能将梦中所记残句以回文的体裁形式续写而成。顺读，倒读都能读通，立意不同凡响，意境饶有趣味，可见苏轼爱茶之痴，文学造诣之高。

游诸佛舍，一日饮酽茶七盏，戏书勤师壁

北宋・苏轼

示病维摩元不病，在家灵运已忘家。

何须魏帝一丸药，且尽卢仝七碗茶。

【解析】

古往今来，茶人总是以文人特有的智慧探索茶性及其药用价值，强调茶的养生健体、延年益寿的作用。茶作为养生佳品，它的药用价值是多种多样的，尤其是解毒祛病的作用更是一直为人称道，在宋代各类文献中也不乏这样的记载。

作者苏轼深知茶的功用，宋熙宁六年，他在杭州任通判。一日，他以病告假，独游湖上净慈、南屏、惠昭、小昭庆诸寺，当晚又去孤山拜谒惠勤禅师。这一天他先后品饮了七碗茶，颇觉身轻体爽，病已不治而愈，因此作了此诗。

诗人得茶之真味，夸赞饮茶的乐趣和妙用。维摩，即维摩诘居士，详称为维摩罗诘，或简称维摩。是佛时代以在家身份奉持梵行的菩萨道行者，他也是象征大乘佛教兴起的关键人物。在这里是指号称“诗佛”、字“摩诘”的王维。灵运，即谢灵运。魏帝，是指魏文帝。昔日魏文帝有“与我一丸药，光耀有五色。服之四五日，身体生羽翼。”苏轼却认为卢仝的“七碗茶”神于魏文帝“一丸药”，在苏轼眼中，茶虽不是药，但胜似药。

次韵曹辅寄壑源试焙新芽

北宋·苏轼

仙山灵草湿行云，洗遍香肌粉末匀。

明月来投玉川子，清风吹破武林春。

要知玉雪心肠好，不是膏油首面新。

戏作小诗君一笑，从来佳茗似佳人。

【解析】

此诗苏轼作于元祐五年春，曹辅时任福建转运使亦称漕司，掌管茶事，以佳茗壑源试焙新芽赠苏轼，并附诗一首，诗人次韵奉和。壑源，宋代属建州建安，今福建省建瓯市境内，临建溪口。当时建安郡凤凰山北苑为皇家御茶园，“试焙新芽”自然是壑源茶中之珍品了。苏轼在此诗中，以浪漫的笔触，赋予壑源香茗以仙女般的灵气。壑源茶朝朝暮暮，身披云雾霞光，沐浴玉露甘霖，独得天地之钟爱，育成无与伦比的香肌风韵。一生嗜茶的苏轼品尝佳茗后诗兴大发，锦心绣口一吐作此诗回赠。明月、清风句是寓引卢仝《走笔谢孟谏议寄新茶》“七碗”之典故，当他饮了数碗壑源茶之后，亦如卢仝一样，飘忽成仙，在月光之下，飞越武林之巅，身上带动的清风，吹落了武林春花。武林即杭州之灵隐山。以“冰雪”“膏油”喻曹公所赠之壑源茶，不仅面首颜色鲜美，且更贵在其内，有着如“冰雪”般的好心肠。作者以诙谐、浪漫的笔触写出了对茶茗的特殊钟爱，从此，历代文人莫不争相传颂，为宋代茶诗中最具影响力的代表作之一。

苏东坡之后又有咏西湖名篇《饮湖上初晴后雨二首》云："水光潋滟晴方好，山色空蒙雨亦奇。欲把西湖比西子，淡妆浓抹总相宜。"在诗中，苏东坡十分巧地将西湖比拟为美女西施。上引二诗都是苏东坡在杭州时妙笔生花的佳作，旧时杭州有一家"藕香居"茶室，从东坡二诗中各取一句，遂集成一对妙然天成、神韵悠远的茶联，令人拍案称绝："欲把西湖比西子，从来佳茗似佳人。"可谓诗是好诗，联为妙联，堪称历代茶诗中的上乘之作。

茶灶

南宋・朱熹

仙翁遗石灶，宛在水中央。

饮罢方舟去，茶烟袅细香。

【解析】

朱熹嗜茶，人所共知。在此诗中，他以茶论道传理学，把茶叶视为中和清明的象征，以茶修德，以茶论伦，以茶喻理，不重虚华，崇尚简朴，更以茶交友，以茶穷理，赋予茶以更广博鲜明的文化特征。据《朱文公全集》记载，朱熹居五夫里时，老师古宅堂有副柱联："开门七件事，油盐柴米酱醋茶；持家三自律，勤俭耕读世泽长。"这给予朱熹很大的启发，所以他戒酒自律，以茶修身。朱熹在武夷讲学时，常与同道中人、门生学子入山漫游，或设茶宴于竹林泉边，临水瀹茗挟诵；斗茶吟咏，以茶会友。此诗描写的茶趣和意境，倾倒后世众多文人墨客，可谓"竹林泉边架石铫，九曲溪畔瀹茗饮"。

摊破浣溪沙·莫分茶

南宋·李清照

病起萧萧两鬓华，卧看残月上窗纱。豆蔻连梢煎熟水，莫分茶。

枕上诗书闲处好，门前风景雨来佳。终日向人多酝藉，木犀花。

【解析】

李清照这首《摊破浣溪沙》写得平和恬淡，初看此词好像词人是在抒写病后闲适生活的情趣，其实不然。上篇通过对词人病中形象和处境的描写，显示了她的孤独、寂寞与哀愁。"病起萧萧两鬓华，卧看残月上窗纱。"这是作者自我描绘的形象。豆蔻连梢煎熟水，莫分茶："豆蔻连梢"就是豆蔻，这种植物连枝生，所以古人说豆蔻，都是这四字连用。豆蔻是药物，性温、味辛，能行气、去湿、和胃，主治胃痛、腹胀、呕吐等症。“熟水”是宋人常用饮料之一，其中就有豆蔻熟水。这里的豆蔻熟水，说明主人公仍在病中。“莫分茶”是说饮这种水时，不能饮茶，宋人品茶常以分茶为娱。

下篇转而写白天，唯一能聊以自慰的事就是卧床吟诗诵文，观雨赏花品茶。这样的生活，看起来是闲适的，然而异乡，门前冷落，聊观雨景以自娱，这是自解自慰的口吻。“枕上诗书闲处好”的言外之意是：有许多感情，只有经过磨难之后，才能领略其中的可贵之处，“终日向人多酝藉，木犀花”。在门前美好的景象中，木犀花，也就是桂花，尤其值得称赞，散发着浓郁的芳香。结尾，词人采取宕开一笔的写法，词人想使自己从愁苦中解脱。病中孤寂，却以淡而言之，实是苦中之苦。

李清照还有一首与茶有关的词《鹧鸪天·寒日萧萧上锁窗》也是其心境的映照：“寒日萧萧上锁窗，梧桐应恨夜来霜。酒阑更喜团茶苦，梦断偏宜瑞脑香。秋已尽，日犹长，仲宣怀远更凄凉。不如随分梅前醉，莫负东篱菊蕊黄。”

寒夜

南宋·杜耒

寒夜客来茶当酒，竹炉汤沸火初红。

寻常一样窗前月，才有梅花便不同。

【解析】

此诗是南宋诗人杜耒所作，诗前两句写主人在寒夜里煮茶待客，客来敬茶，固桌而坐；以茶会友，以友辅仁；与客人品茶吟诗，诗由茶而生，茶因诗而美其身心快乐，乐不胜言，自在茶诗之中。此诗有一种朴实无华的美感，洋溢着浓厚的人情味。“寒夜客来茶当酒”，因此千古传名，也说明了“君子之交，其淡如水”的道理。诗的后两句写品茶的环境与氛围，同时又营造出别样不同的美感。嘉宾至，拥炉品佳茗，自然是人生一大美事，而享受此等美事的还伴随有梅前月色和飘动着暗香的梅花，使得品茶的情景倍佳于平日，借高洁的梅花来隐喻茶的清雅品格。梅、月、茶、人，四者相得益彰，相映成趣。

茶声

南宋·李南金

砌虫唧唧万蝉催，忽有千车捆载来。

听得松风并涧水，急呼缥色绿瓷杯。

【解析】

作者李南金，自号三溪冰雪翁，他认为：“《茶经》以鱼目、涌泉连珠为煮水之节，然近世瀹茶，鲜以鼎镬，用瓶煮水之节，难以视看，则当以声辨一沸、二沸、三沸之节。”怎么分辨呢？他提出了一种“背二涉三”的辨水法，即水煮过第二沸（背二）刚到第三沸（涉三）时，最适合冲茶，并且写了这首诗来形象地说明：“砌虫唧唧万蝉催”，写初沸时声如阶下虫鸣，又如远处蝉噪；“忽有千车捆载来”，写二沸，如满载而来、吱吱哑哑的车声；“听得松风并涧水”，写三沸，如松涛汹涌、溪涧喧腾；“急呼缥色绿瓷杯”，是说这时赶紧提瓶，注水入瓯。该诗叙写了使文人墨客颇为快意和悦耳的煎茶时沸水发出的声音，根据诗人的不同感受，将茶声演变成为风声、水声、车声、虫声等，道出茶人的独特感受，为宋代茶诗的上乘之作。

水调歌头·咏茶

南宋·白玉蟾

二月一番雨，昨夜一声雷。枪旗争展，建溪春色占先魁。采取枝头雀舌，带露和烟捣碎，结就紫云堆。轻动黄金碾，飞起绿尘埃。

老龙团，真风髓，点将来。兔毫盏里，霎时滋味回。唤醒青州从事，战退睡魔百万，梦不到阳台。两腋清风起，我欲上蓬莱。

【解析】

作者白玉蟾为南宋道人，谙九经，能诗赋，且长于书画。后出家为道士，师事陈楠九年，陈楠逝后，游历天下，后隐居武夷山，致力于传播丹道。白玉蟾“身通三教，学贯九流”，融摄佛家与理学思想，因此，他的茶诗词更多地突出了茶禅一味的哲学意蕴。道家学说为茶道注入了“天人合一”的哲学思想，树立了茶道的灵魂。在茶道中表现为人对自然的回归渴望，道法自然，返璞归真，表现为自己的心性得到全解放，使自己的心境得到清静、恬淡，使自己的心灵随茶香弥漫，仿佛自己与宇宙融合，升华到“悟我”的境界，即道家“天地与我并生，而万物与我为一”思想的典型表现。道家认为茶是天赐的琼浆仙露，饮了茶更有精神，不嗜睡就更能体道悟道，增添功力和道行，因而有“唤醒青州从事，战退睡魔百万，梦不到阳台。”道家把茶当作忘却红尘烦恼、享乐道于精神的一大乐事。“两腋清风起，我欲上蓬莱。”正是茶人品茶时追求寄情于山水，忘情于山水，心融于山水境界的反映，诗人将采茶、制茶、点茶、品茶及功能作用融于一文之中，情趣盎然。

第七章　宋代经典茶帖鉴赏

第一节　蔡襄茶帖书法欣赏

蔡襄书法习得王羲之、颜真卿、柳公权之精髓。前人在评论蔡襄书法时，都认为它“形似晋唐”，如元倪云林曾跋云：“蔡公书法有六朝、唐人风，粹然如琢玉。”明代徐青藤曾评价蔡襄书云：“蔡襄书近二王，其短者略俗耳。劲净而匀，乃其所长。”

蔡襄虽不是一个崭新风格型的大师，却是宋代书法发展史上不可或缺的关键人物。他以其自身完备的书法艺术，为晋唐与宋人的意趣之间搭建了一座桥梁，承前启后，为后世所瞩目。蔡襄数件书帖均与茶相关，记录了他与友人的交往。蔡襄自书的小楷《茶录》，是其小楷书法的代表之作。

一、《暑热帖》

《暑热帖》现藏于台北故宫博物院。

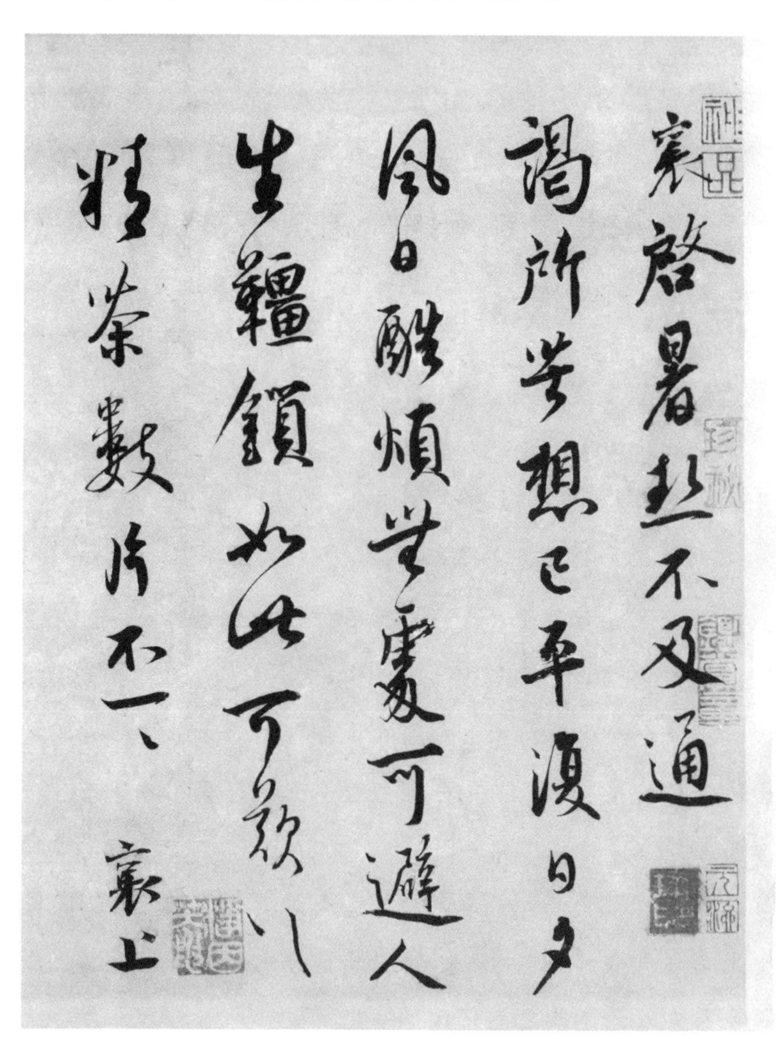

襄启
暑热不及通
谒所苦想已平复日夕
风日酷烦无处可避人
生韁锁如此可叹
精茶数片不一一
襄上

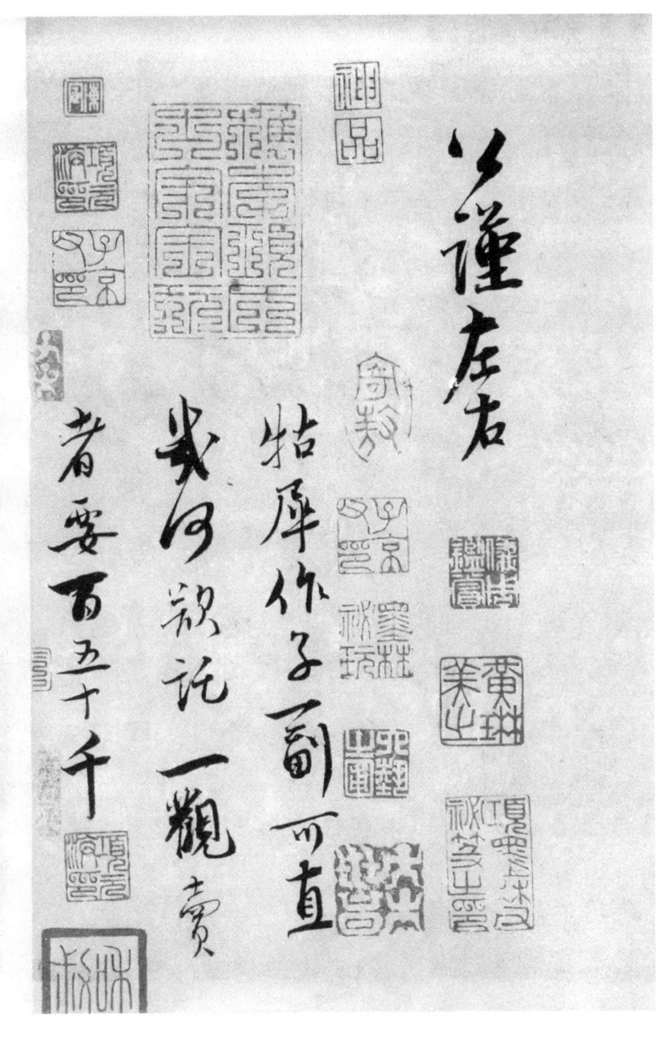

释文：襄启，暑热，不及通谒，所苦想已平复。日夕风日酷烦，无处可避，人生缰锁如此，可叹可叹！精茶数片，不一一。襄上，公谨左右。牯犀作子一副，可直几何？欲托一观，卖者要百五十千。

二、《思咏帖》

《思咏帖》现藏于台北故宫博物院。

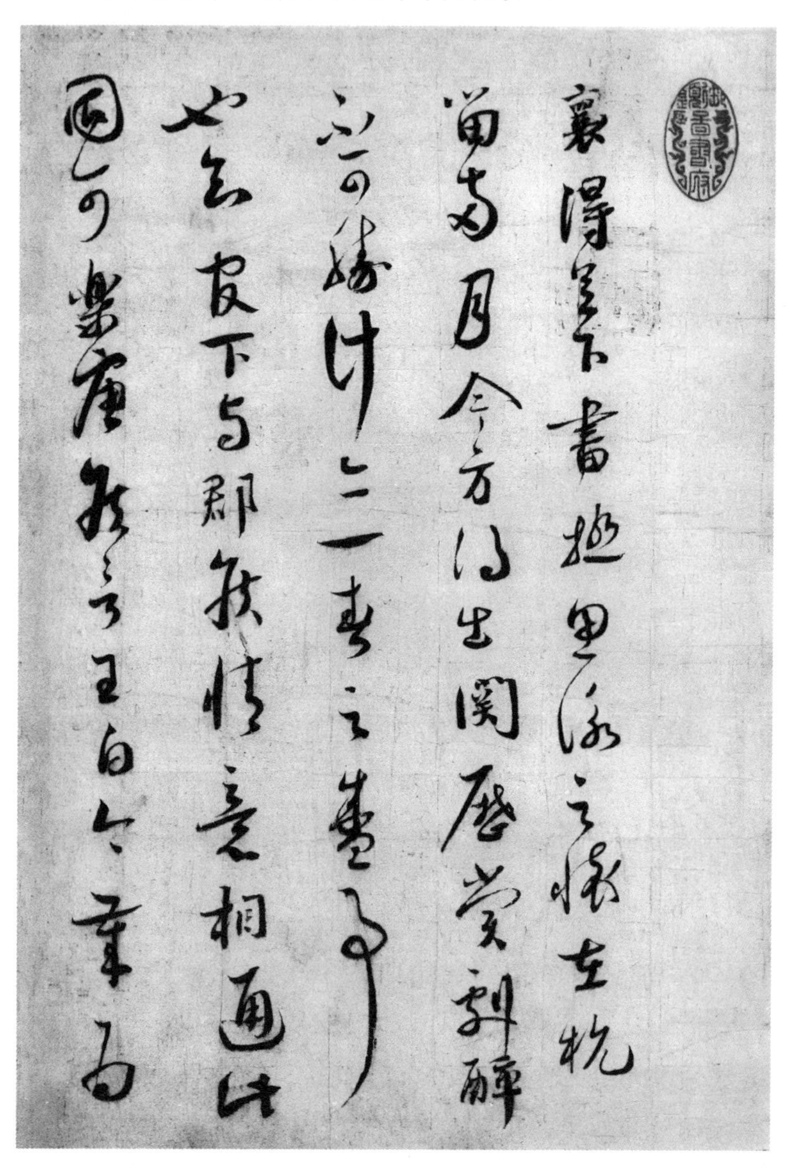

襄得足下书极思咏之怀在杭
留两月今方得出关历赏剧醉
不可胜计亦一春之盛事也
知官下与郡侯情意相通此
固可乐唐侯言王白今岁为

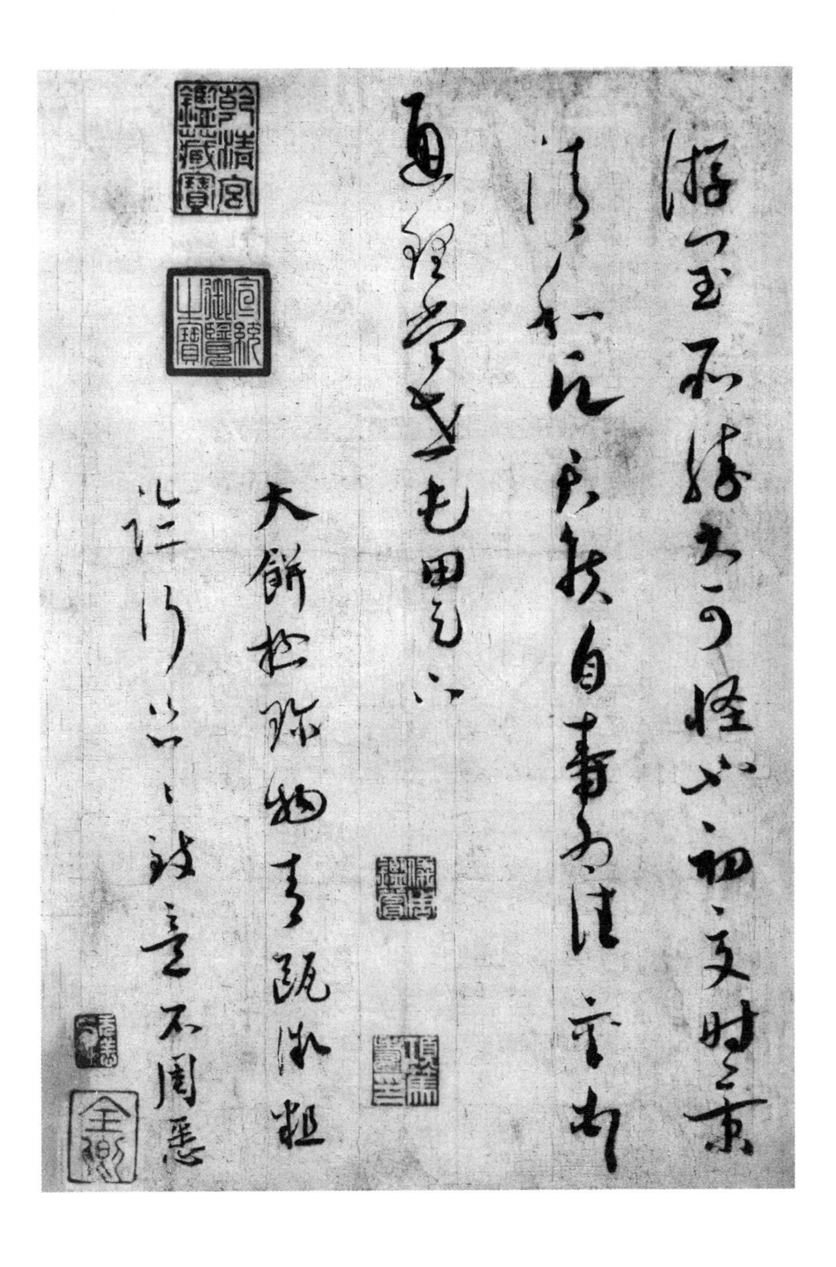

释文：襄得足下书，极思咏之怀。在杭留两月，今方得出关，历赏剧醉，不可胜计，亦一春之盛事也。知官下与郡侯情意相通，此固可乐。唐侯言：王白今岁为游闰所胜，大可怪也。初夏时景清和，愿君侯自寿为佳。襄顿首。通理当世屯田足下。大饼极珍物，青瓯微粗，临行匆匆致意，不周悉。

三、《自书诗卷》

《自书诗卷》现藏于北京故宫博物院。

卷尾有宋代、元代、明代、清代及近代共十三家题跋。鉴藏印记："贾似道印""悦生""贾似道图书子子孙孙永保之""武岳王图书""管延枝引""梁清标印""焦林"及清嘉庆内府诸印。

其中，与茶相关的诗是《即惠山泉煮茶》：

此泉何以珍，适与真茶遇。
在物两称绝，于予独得趣。
鲜香箸下云，甘滑杯中露。
尝能变俗骨，岂特湔尘虑。
昼静清风生，飘萧入庭树。
中含古人意，来者庶冥悟。

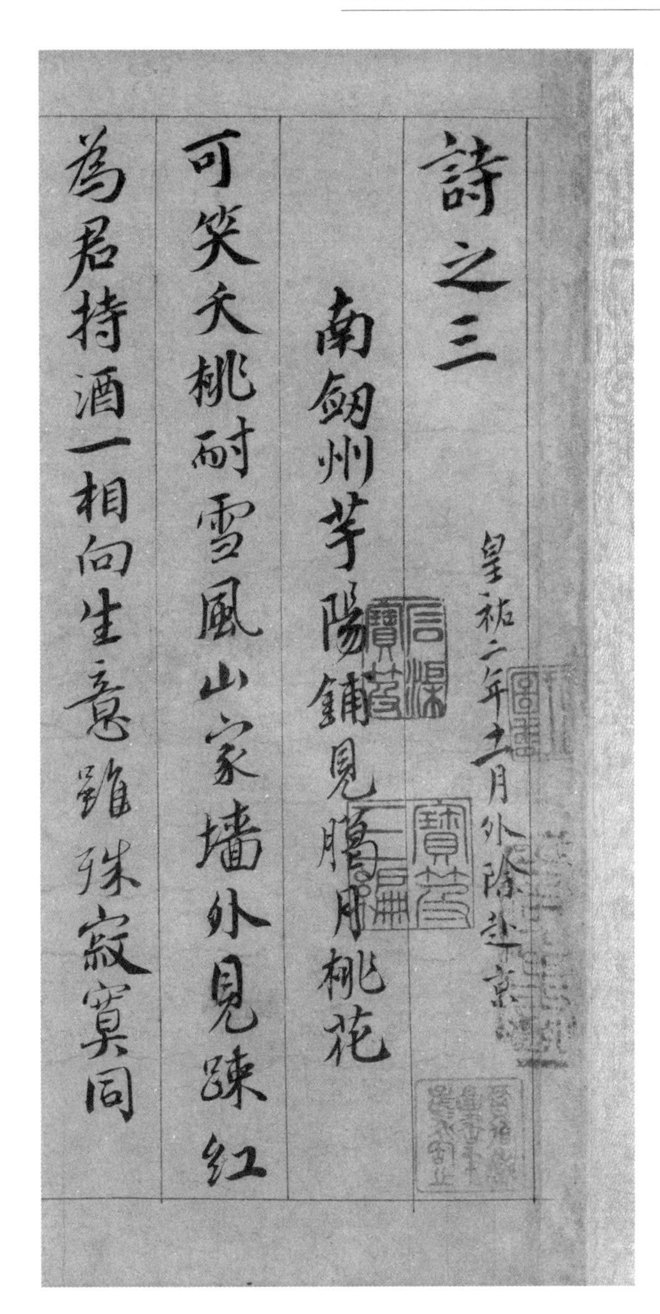

詩之三

南劍州芋陽鋪見臘月桃花

可笑夭桃耐雪風山家墻外見踈紅

為君持酒一相向生意雖殊寂寞同

皇祐二年十月外除赴京

書戴雲士屋壁

長岡隆雄來北邊勢到舍下方迴旋

三世白士猶醉眠山翁作善天應恰

如波發源今流泉兒孫何數鷹馬然

有起家者出其間頗爲壽考無窮年

題龍紀僧居室

此一篇極有至人風韻

山僧九十五行是百年人焚香猶夜起

喜酒見天真生平持戒定老大有

精神耶須知不變者耶滅故時新

題南劍州延平閣

雙溪會一流新橋橫鮮赭浮居紫

霄傍臥影澄下峽深風力豪石

隋湍聲瀉古劍蟄神龍窗帆

來陣馬晴光轉群山翠色著萬

瓦汀洲生芳香草樹自閑冶主郡

自漁梁驛至衢州大雪有懷

大雪壓空野輜車猶意行乾坤
初一色晝夜忽通明有物皆遷白
無塵頓覺清只看流水在却喜
亂山平遠樹飄飄起殘花點點輕

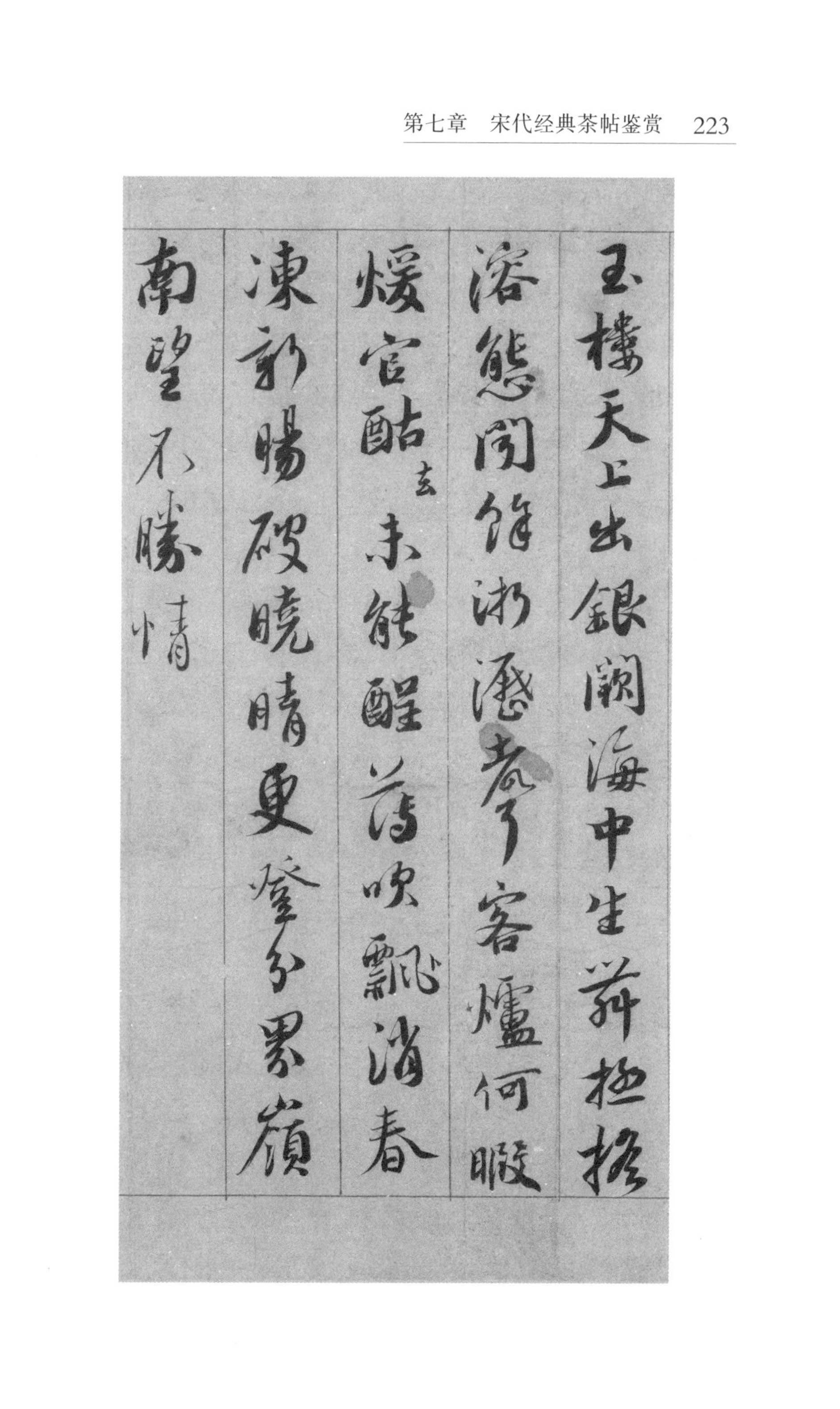

福州寧越門外石橋看西山晚照

寧越門前路歸鞍駐石梁西山氣色好晚日正相當

杭州臨平精嚴寺西軒見芍藥兩枝追想吉祥院賞花慨

吉祥亭下萬千枝
看盡將開欲落時
却是雙紅有深意
故留春色綴人思
烘簾凝照自生光
吹面輕風與送香
誰把金刀收絶艷
醉紅深淺上釵梁

的的花名對酒尊欄邊沈醉月黄昏

今朝閣外尋蘭蕙忽見孤芳歡斷魂

崇德夜泊寄福建提刑章屯田思詠

唐春月[illegible]游

風若神都別于今湘水連邊故情彌切到

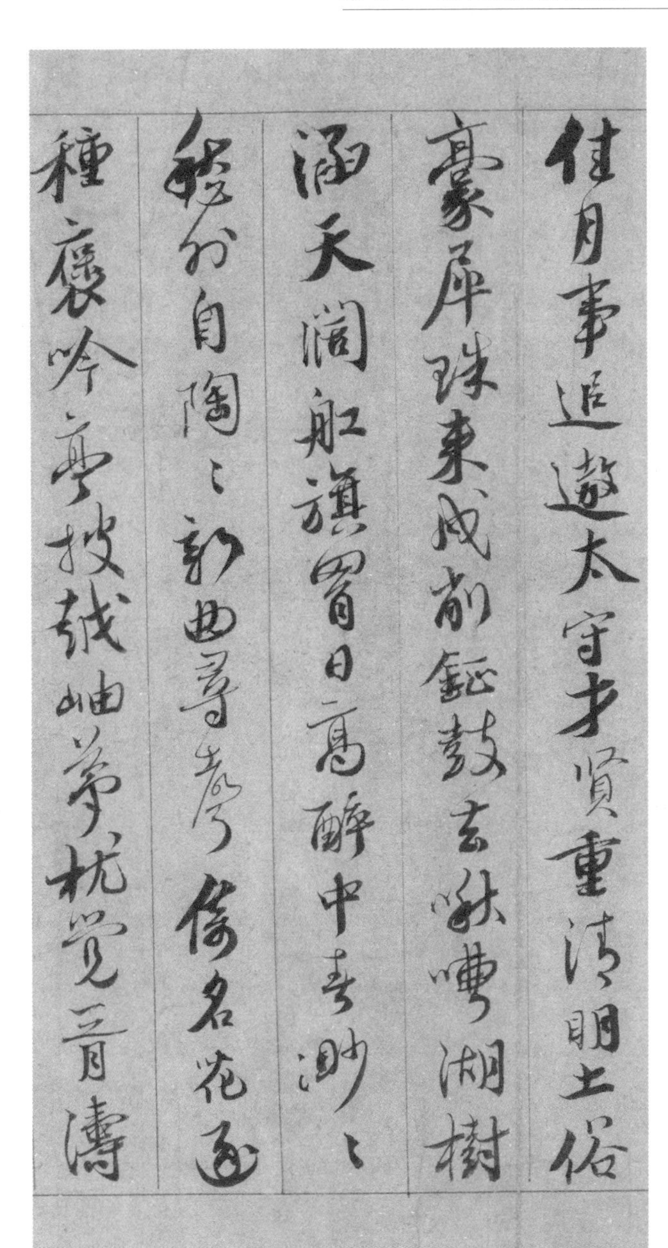

論議刀矛快心悵鐵石牢淹留鶴

海角分散念雨霜毛鑪鈴紅隱筋 吳江茅之

瀧波深滿篙 君往嚴瀧 試思南北路燈

暗雨蕭騷

嘉禾鄭偶書

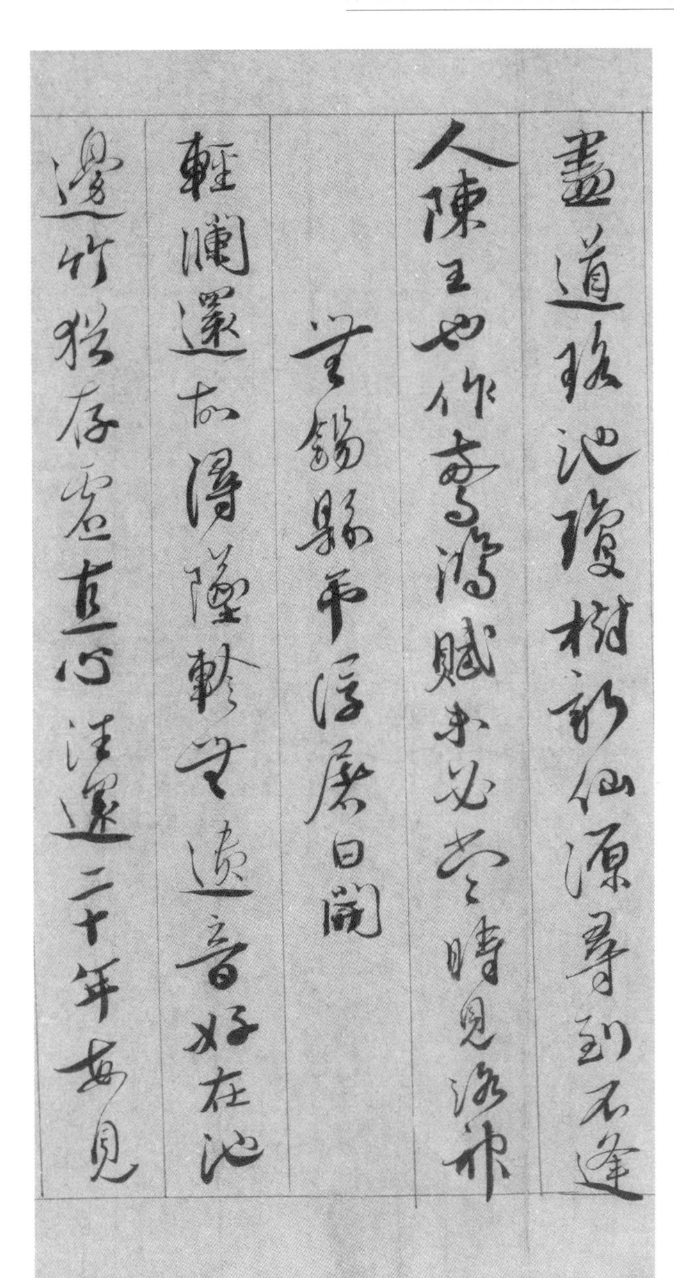

唯清吟觉性既自如世味随浮沈琅
〻孤云姿如怯望空山茶笠不悟至理
忽来难独任

即惠山泉煮茶

此泉何以珍适与真茶遇在物两称

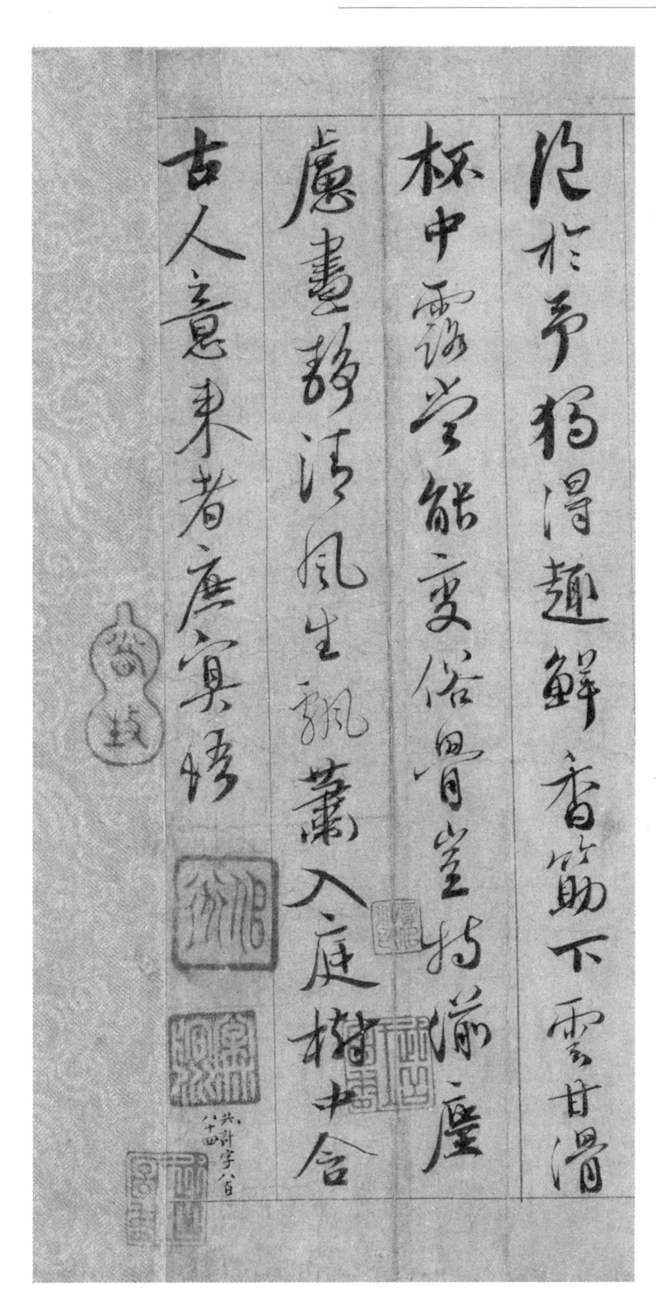
於予独得趣鲜香筯下云甘滑
杯中露尝能变俗骨岂特湔尘
虑昼静清风生飘萧入庭树中含
古人意来者庶冥悟
共计字八百八十四

四、《茶录》自书拓本

蔡襄《茶录》有自书本传于世，是蔡襄书法代表之作，也是其难得仅见的小楷法书，无一倦笔，颇有二王楷法，端重飘逸，受到同代及后世的赞誉。

《宣和书谱》云："襄游戏茗事间，有前后《茶录》，复有《荔枝谱》，世人摹之石，自珍书有翔龙舞凤之势，识者不以为过，而复推为本朝第一也。"

治平四年（1067）八月，蔡襄病卒于莆田家中。淳熙三年（1176），其曾孙蔡洸为蔡襄向朝廷奏请谥号，宋孝宗赐谥"忠惠"。蔡襄一生为人正直，严己宽人，与人为善，忠于职守，清正廉洁。朱熹赞其云：

前无贬词，后无异议。

芳名不朽，万古受知。

朝奉郎右正言同修起居注臣蔡襄上進

臣前因奏事伏蒙

陛下諭臣先任福建轉運使日所進上品龍

茶最為精好臣退念草木之微首辱

陛下知鑒若處之得地則能盡其材昔陸羽

茶經不第建安之品丁謂茶圖獨論採造之

本至於烹試曾未有聞臣輒條數事簡而易

明勒成二篇名曰茶錄伏惟

清閒之宴或賜觀采臣不勝惶懼榮幸之至

謹敘

上篇論茶

色

茶色貴白而餅茶多以珍膏油其面故有青黃紫黑之異善別茶者正如相工之眎人氣色也隱然察之於內以肉理實潤者為上既已末之黃白者受水昏重青白者受水鮮明故建安人鬭試以青白勝黃白

香

茶有真香而入貢者微以龍腦和膏欲助其香
建安民間試茶皆不入香恐奪其真若烹點之
際又雜珍果香草其奪益甚正當不用
味
茶味主於甘滑惟北苑鳳凰山連屬諸焙所產
者味佳隔谿諸山雖及時加意製作色味皆重
莫能及也又有水泉不甘能損茶味前世之論
水品者以此
藏茶

茶宜蒻葉而畏香藥喜溫燥而忌濕冷故收藏之家以蒻葉封裹入焙中兩三日一次用火常如人體溫〻以禦濕潤若火多則茶焦不可食

炙茶

茶或經年則香色味皆陳於淨器中以沸湯漬之刮去膏油一兩重乃止以鈐箝之微火炙乾然後碎碾若當年新茶則不用此說

碾茶

碾茶先以淨紙密裹椎碎然後熟碾其大要旋

碾則色白或經宿則色已昬矣

羅茶

羅細則茶浮麤則水浮

候湯

候湯最難未熟則沫浮過熟則茶沉前世謂之

蟹眼者過熟湯也沉瓶中煮之不可辯故曰候

湯最難

熁盞

凡欲點茶先須熁盞令熱冷則茶不浮

點茶

茶少湯多則雲脚散，湯少茶多則粥面聚（建人謂之雲脚粥面）。鈔茶一錢匕，先注湯調令極勻，又添注之，環回擊拂。湯上盞可四分則止，眡其面色鮮白，著盞無水痕為絕佳。建安鬥試，以水痕先者為負，耐久者為勝。故較勝負之說，曰相去一水兩水。

下篇論茶器

茶焙

茶焙編竹為之，裹以蒻葉。蓋其上，以收火也。隔

其中以有容也納火其下去茶尺許所以養茶色香味也

茶籠

茶不入焙者宜密封裹以蒻籠盛之置高處不近濕氣

砧椎

砧椎蓋以碎茶砧以木為之椎或金或鐵取於便用

茶鈐

茶鈐屈金鐵為之用以炙茶

茶碾

茶碾以銀或鐵為之黃金性柔銅及鍮石皆能生鉎音星不入用

茶羅

茶羅以絶細為佳羅底用蜀東川鵝溪畫絹之密者投湯中揉洗以冪之

茶盞

茶色白宜黑盞建安所造者紺黑紋如兔毫其

杯微厚熁之久熱難冷最為要用出他處者或薄
或色紫皆不及也其青白盞鬬試家自不用

茶匙

茶匙要重擊拂有力黃金為上人間以銀鐵為
之竹者輕建茶不取

湯瓶

瓶要小者易候湯又點茶注湯有準黃金為上
人間以銀鐵或瓷石為之

臣皇祐中修

起居注奏事

仁宗皇帝屢承

天問以建安貢茶并所以試茶之狀臣謂論茶雖

禁中語無事于密造茶錄二篇上進後知福

州為掌書記竊去藏稿不復能記知懷安縣

樊紀購得之遂以刊勒行於好事者然多舛

謬臣追念

先帝顧遇之恩攬本流涕輒加正定書之

治平元年五月二十六日

三司使給事中臣蔡襄謹記

善為書者以真楷為難而真楷又以小字為難

羲獻以來遺蹟見於今者多矣小楷惟樂毅論

一篇而已今世俗所傳出故高紳學士家

為真本而斷裂之餘僅存者百餘字爾此

第二节　其他宋代名家茶帖书法欣赏

茶与书法的联系由来已久，历代书迹中有着茶事，历代茶事中有着书法。但是，茶与书法的联系，更本质的是两者有着共同的审美理想、审美趣味和艺术特性，两者以不同的形式，表现了共同的民族文化精神，也正是这种精神，将两者永远地联结起来。

宋代是茶文化史上的一个重要时期，同时书法进入了“尚意”的新时代。这一时代茶人迭出，书家群起。茶叶饮用从实用走向了艺术，文人喜欢喝茶，也爱研究茶，茶饮重度爱好者中当然不乏书法家。而书法家喜欢品茶，则更容易品见字里行间的妙趣。

说起宋代书法，大家都知道“宋四家”，即宋代四大书法家苏轼、黄庭坚、米芾、蔡襄，人称“苏黄米蔡”。苏轼天然，黄庭坚劲健，米芾纵逸，蔡襄蕴藉，各具仪态，堪称精品。若论“宋四家”中谁最爱茶，蔡襄一定当仁不让。除蔡襄外，苏轼、黄庭坚、米芾也有不少关于茶的书法传世，在本节中，我们选取了其中几幅代表性作品，供读者欣赏。

一、苏轼《一夜帖》

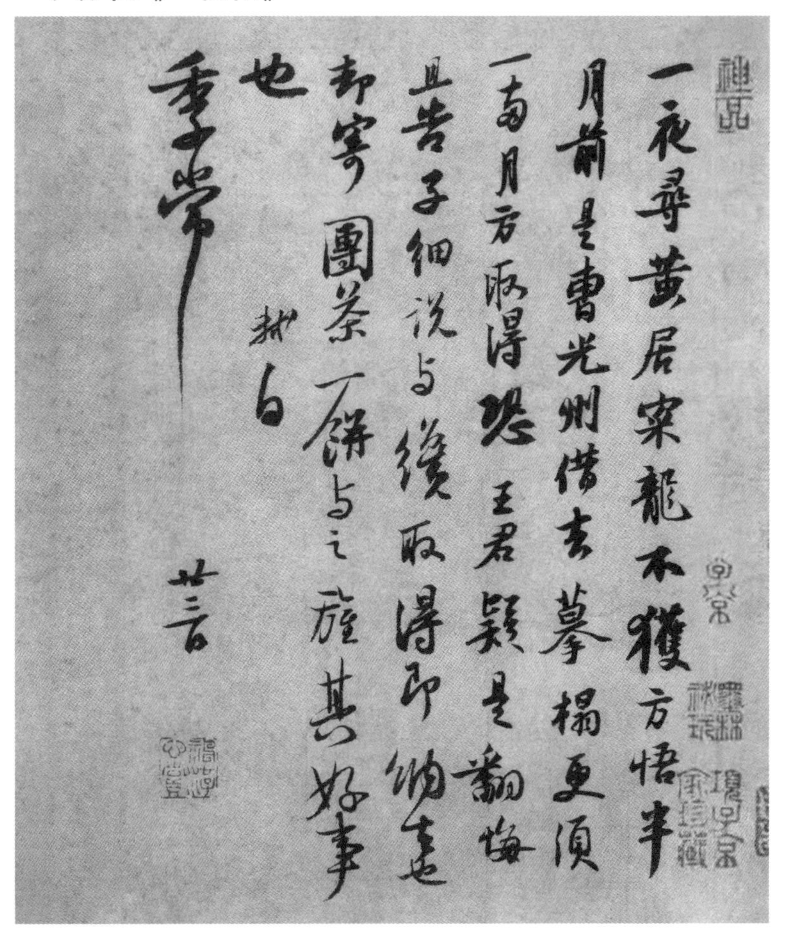

释文：一夜寻黄居寀龙不获。方悟半月前是曹光州借去摹搨。更须一两月方取得。恐王君疑是翻悔。且告子细说与。才取得。即纳去也。却寄团茶一饼与之。旌其好事也。轼白。季常。廿三日。

二、苏轼《啜茶帖》

道源無事只今可能
枉顧啜茶否有少事須至
面白
孟堅必已好安也軾上
恕草草

释文：道源无事，只今可能枉顾啜茶否？有少事须至面白。孟坚必已好安也。轼上，恕草草。

三、苏轼《新岁展庆帖》

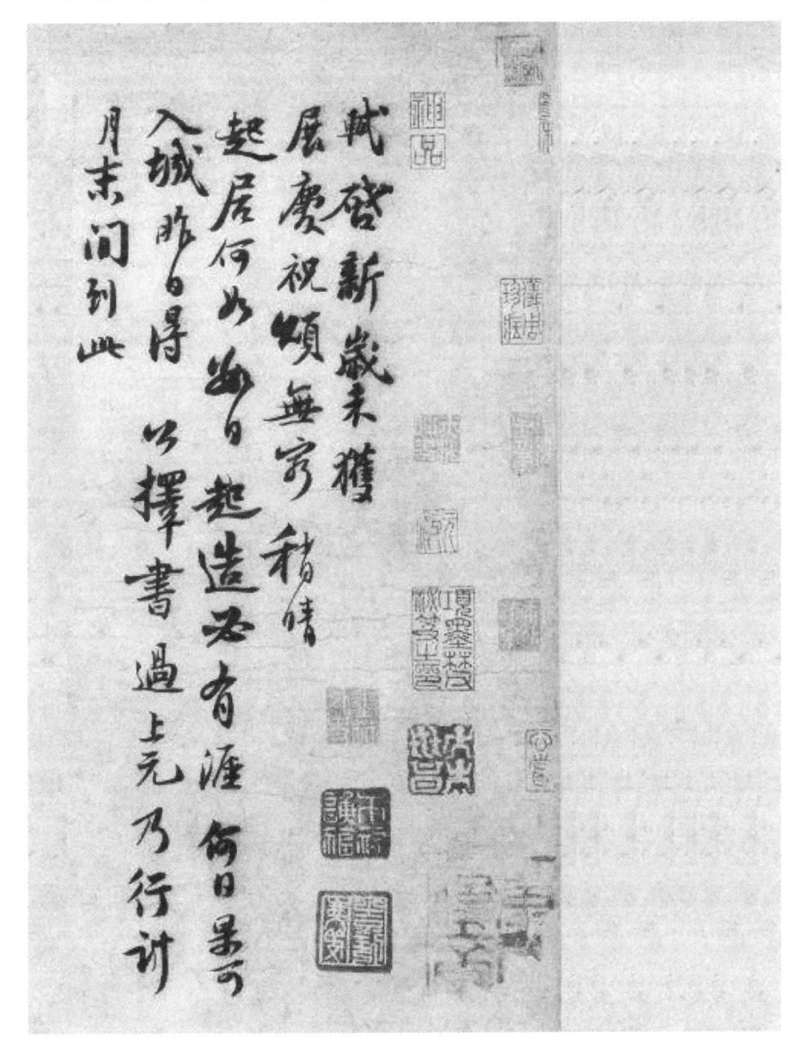
軾啓新歲未獲
展慶祝頌無窮稍晴
起居何如數日起造必有涯何日果可
入城昨日得公擇書過上元乃行計
月末間到此

公亦以此时来如何如何 窃计上元起造尚未
毕工 轼亦自不出无缘奉陪夜游也沙枋
画笼旦夕附陈隆船去次今先附扶劣
膏去此中有一铸铜匠欲借
所收建州木茶臼子并椎试令依样造看兼
适有闽中人便或令看过因往彼买一副也
乞暂付去人专爱护便纳上余寒更
乞保重冗中恕不谨 轼再拜
季常先生丈阁下 正月二日

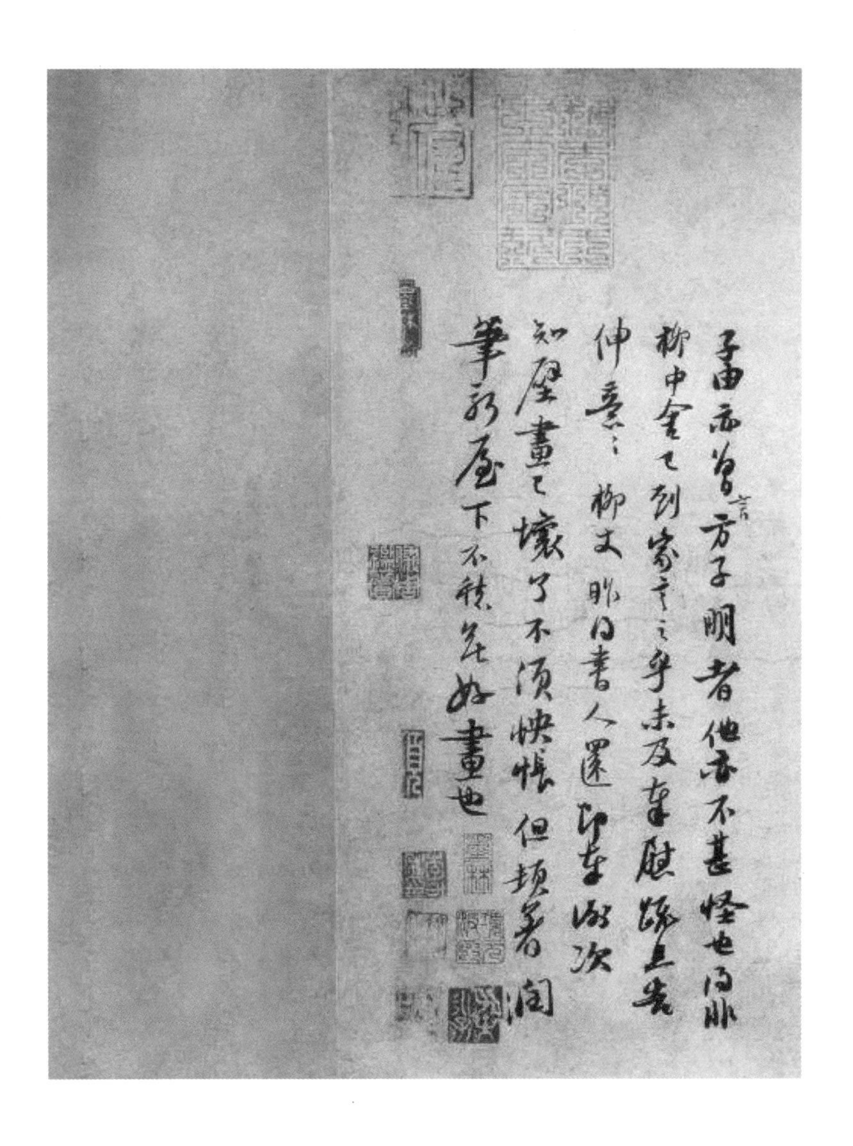

释文：轼启：新岁未获展庆，祝颂无穷，稍晴起居何如？数日起造必有涯，何日果可入城。昨日得公择书，过上元乃行，计月末间到此，公亦以此时来，如何何如？窃计上元起造，尚未毕工。轼亦自不出，无缘奉陪夜游也。沙枋画笼，旦夕附陈隆船去次，今先附扶劣膏去。此中有一铸铜匠，欲借所收建州木茶臼子并椎，试令依样造看。兼适有闽中人便，或令看过，因往彼买一副也。乞暂付去人，专爱护便纳上。余寒更乞保重，冗中恕不谨，轼再拜。季常先生丈阁下。正月二日。

子由亦曾言，方子明者，他亦不甚怪也。得非柳中舍已到家言之乎，未及奉慰疏，且告伸意，伸意。柳丈昨得书，人还即奉谢次。知壁画已坏了，不须快怅。但顿着润笔新屋下，不愁无好画也。

四、黄庭坚《奉同公择尚书咏茶碾煎啜三首》

释文一：要及新香碾一杯，不应传宝到云来。碎身粉骨方余味，莫厌声喧万壑雷。

释文二：风炉小鼎不须催，鱼眼常随蟹眼来。深注寒泉收第二，亦防枵腹爆乾雷。

释文三：乳粥琼糜泛满杯，色香味触映根来。睡魔有耳不及掩，直拂绳床过疾雷。

建中靖国元年八月十三日。黄庭坚书。

奉同
公擇尚書詠茶碾煎啜三首
要及新香碾一桮不應傳
寶到雲来碎身粉骨方
餘味莫厭聲喧万壑雷

風爐小鼎不須催魚眼
常隨蟹眼来深注寒泉
收第二亦防枵腹爆乾雷
乳粥瓊糜泛滿杯色香
味觸映根来睡魔有耳不

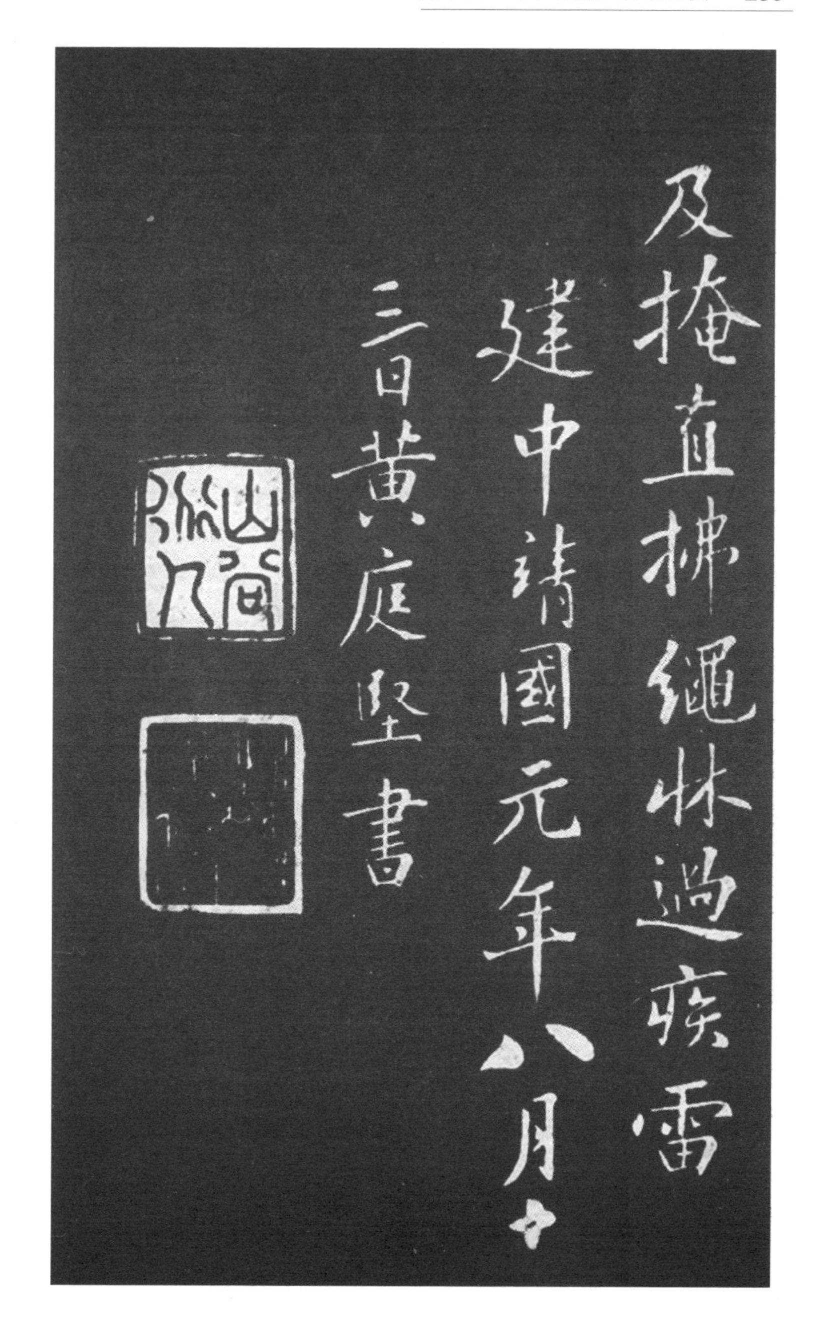
建中靖國元年八月十
三日黃庭堅書

五、米芾《道林诗帖》

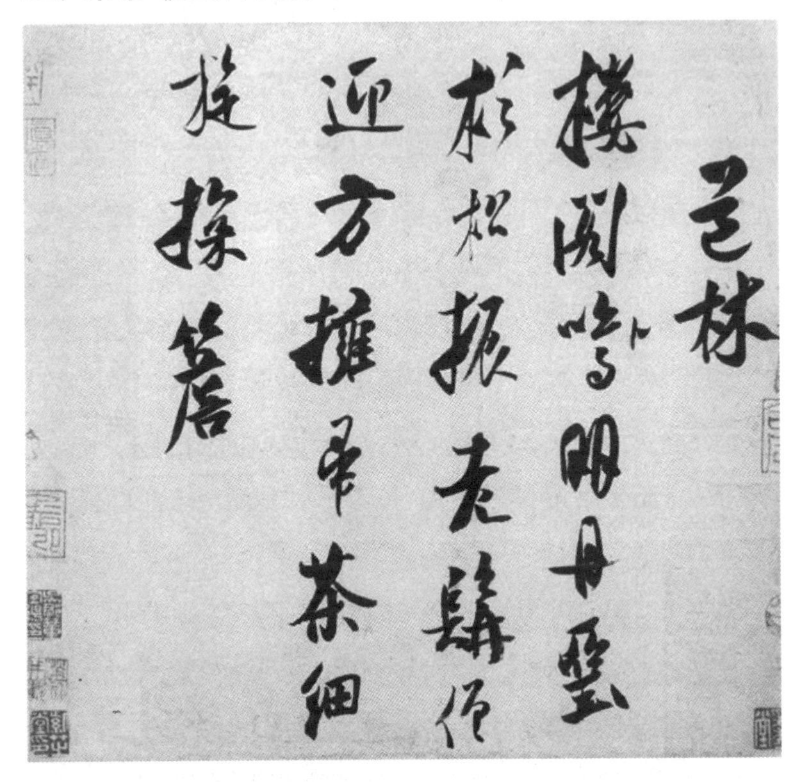

释文：道林。楼阁鸣（此字点去）明丹垩，杉松振老髯。僧迎方拥帚，茶细旋探檐。

附录一　历代名家题赞小龙团

虽然蔡襄创制的小龙团在历史长河中犹如昙花一现，但它与《茶录》共生，对后世中国茶文化的发展产生了深远影响。

渑水燕谈录（节选）

王辟之

建茶盛于江南，近岁制作尤精，龙凤团茶最为上品，一斤八饼。庆历中，蔡君谟为福建运使，始造小团以充岁贡，一斤二十饼，所谓上品龙茶者也。仁宗尤所珍惜，虽宰臣未尝辄赐，惟郊礼致斋之夕，两府各四人，共赐一饼。宫人剪金为龙凤花，贴其上。八人分蓄之，以为奇玩，不敢自试；有嘉客，出而传玩。欧阳文忠公云："茶为物之至精，而小团又其精者也。"

重游龙井诗并序

赵抃

余元丰年己未（1079）仲春甲寅，以守杭得归田，出游南山宿龙井佛祠。今岁甲子六月朔旦复来，六年于兹矣。老僧辩才登龙泓亭，烹小龙团以迓余。因作四句云。

湖山深处梵王家，半纪重来两鬓华。

珍重老师迎意厚，龙泓亭上点龙茶。

元翰少卿宠惠谷帘水一器，龙团二枚，仍以新诗为贶，叹味不已。次韵奉和

苏轼

岩垂匹练千丝落，雷起双龙万物春。

此水此茶俱第一，共成三绝景中人。

怡然以垂云新茶见饷，报以大龙团，仍戏作小诗

苏轼

妙供来香积，珍烹具大官。

拣芽分雀舌，赐茗出龙团。

晓日云庵暖，春风浴殿寒。

聊将试道眼，莫作两般看。

阮郎归·摘山初制小龙团

黄庭坚

摘山初制小龙团。色和香味全。碾声初断夜将阑。烹时鹤避烟。

消滞思，解尘烦。金瓯雪浪翻。只愁啜罢水流天。余清搅夜眠。

满庭芳·北苑龙团

黄庭坚

北苑龙团，江南鹰爪，万里名动京关。碾深罗细，琼蕊暖生烟。一种风流气味，如甘露、不染尘凡。纤纤捧，冰瓷莹玉，金缕鹧鸪斑。

相如方病酒，银瓶蟹眼，波怒涛翻。为扶起，樽前醉玉颓山。饮罢风生两腋，醒魂到、明月轮边。归来晚，文君未寝，相对小窗前。

句其十九

曾肇

君不见莆阳学士蓬莱仙，制成月团飞上天。

南北自此俱岁贡，寸璧往往人间传。

乞钱穆公给事丈新赐龙团

张耒

闽侯贡璧琢苍玉，中有掉尾寒潭龙。

惊山作春山不觉，走马献入明光宫。

瑶池侍臣最先赐，惠山乳泉新破封。

可得作诗酬孟简，不须载酒过扬雄。

御苑采茶歌

熊蕃

外台庆历有仙官，龙观才闻制小团。

争得似金模雨壁，春风第一荐宸餐。

鹧鸪天·寒日萧萧上琐窗

李清照

寒日萧萧上琐窗。梧桐应恨夜来霜。酒阑更喜团茶苦，梦断偏宜瑞脑香。

秋已尽，日犹长。仲宣怀远更凄凉。不如随分尊前醉，莫负东篱菊蕊黄。

万孝全惠小龙团

王十朋

贡馀龙饼非常品，绝胜卢仝得月团。

岂有诗情可尝此，荷君分贶及粗官。

杂书·小龙团与长鹰爪

陆游

小龙团与长鹰爪，桑苎玉川俱未知。

自置风炉北窗下，勒回睡思赋新诗。

浣溪沙·笋玉纤纤拍扇纨

李昴英

笋玉纤纤拍扇纨，戏拈荷叶起文鸳，水亭初试小龙团。

拜月深深频祝愿，花枝低压髻云偏，倩人解梦语喧喧。

黄金碾畔忆雷芽

耶律楚材

积年不啜建溪茶，心窍黄尘塞五车。

碧玉瓯中思雪浪，黄金碾畔忆雷芽。

卢仝七碗诗难得，谂老三瓯梦亦赊。

敢乞君侯分数饼，暂教清兴绕烟霞。

圣驾临雍词·其七

陆深

公孤殊宠出千官，偏得君王座上看。
阶下太官承旨罢，一杯分赐小龙团。

幽居十二咏和鲁南·其一·煮茗

顾璘

为有余酲在，还牵睡思繁。
汲泉敲石火，先试小龙团。

山居杂兴·其十二

徐熥

金炉残火宿沉擅，万绿阴中拥合欢。
啼鸟一声秋梦觉，侍儿刚进小龙团。

正德宫词二十首·其十一

王世贞

淡黄初缬草屠苏，侧坐萧家老秃驹。
薄暮西风吹袂起，小龙团底露真珠。

龙吟阁

赵彰

直收沧海作奇观，高阁横空一望宽。

微雨趁湖生晚信，群山入座起秋翰。

眼前紫骥皆千里，颔下红珠得几丸。

遥听晓钟开讲后，散班分给小龙团。

虞美人

顾贞观

煖风迟日烘微醉。催上樱桃会。翠娥招手满船招。看煞帽檐欹侧，月城桥。

匀圆细数盛妆合。待解相如渴。丁宁莫受蔗浆寒。薄暮来尝胜雪，小龙团。

兖州太守赠茶

郑板桥

头纲八饼建溪茶，万里山东道路赊。

此是蔡丁天上贡，何期分赐野人家。

附录二　宋史·蔡襄传

蔡襄，字君谟，兴化仙游人。举进士，为西京留守推官、馆阁校勘。范仲淹以言事去国，余靖论救之，尹洙请与同贬，欧阳修移书责司谏高若讷，由是三人者皆坐谴。襄作《四贤一不肖诗》，都人士争相传写，鬻书者市之，得厚利。契丹使适至，买以归，张于幽州馆。

庆历三年，仁宗更用辅相，亲擢靖、修及王素为谏官，襄又以诗贺，三人列荐之，帝亦命襄知谏院。襄喜言路开，而虑正人难久立也，乃上疏曰："朝廷增用谏臣，修、靖、素一日并命，朝野相庆。然任谏非难，听谏为难；听谏非难，用谏为难。三人忠诚刚正，必能尽言。臣恐邪人不利，必造为御之之说。其御之之说不过有三，臣请为陛下辨之。一曰好名。夫忠臣引君当道，论事唯恐不至，若避好名之嫌无所陈，则土木之人，皆可为矣。二曰好进。前世谏者之难，激于忠愤，遭世昏乱，死犹不辞，何好进之有？近世奖拔太速，但久而勿迁，虽死是官，犹无悔也。三曰彰君过。谏争之臣，盖以司过举耳，人主听而行之，足以致从谏之誉，何过之能彰。至于巧者亦然，事难言则喑而不言，择其无所忤者，时一发焉，犹或不行，则退而曰吾尝论某事矣，此之谓好名。默默容容，无所愧耻，蹑资累级，以挹显仕，此之谓好进。君有过失，不救之于未然，传之天下后世，其事愈不可掩，此之谓彰君过。愿陛下察之，毋使有好谏之名而无其实。”

时有旱蝗、日食、地震之变，襄以为：“灾害之来，皆由人事。数年以来，天戒屡至。原其所以致之，由君臣上下皆阙失也。不颛听断，不揽威权，使号令不信于人，恩泽不及于下，此陛下之失也。持天下之柄，司生民之命，无嘉谋异画以矫时弊，不尽忠竭节以副任使，此大臣之失也。朝有弊政而不能正，民有疾苦而不能去，陛下宽仁少断而不能规，大臣循默避事而不能斥，此臣等之罪也。陛下既有引过之言，达于天地神祇矣，愿思其实以应之。”疏出，闻者皆悚然。

进直史馆，兼修起居注，襄益任职论事，无所回挠。开宝浮图灾，下有旧瘗佛舍利，诏取以入，宫人多灼臂落发者。方议复营之，襄谏曰："非理之福，不可徼幸。今生民困苦，四夷骄慢，陛下当修人事，奈何专信佛法？或以舍利有光，推为神异，彼其所居尚不能护，何有于威灵？天之降灾，以示儆戒，顾大兴工役，是将以人力排天意也。"

吕夷简平章国事，宰相以下就其第议政事，襄奏请罢之。元昊纳款，始自"兀卒"，既又译为"吾祖"。襄言："'吾祖'犹云'我翁'，慢侮甚矣。使朝廷赐之诏，而亦曰'吾祖'，是何等语邪？"

夏竦罢枢密使，韩琦、范仲淹在位，襄言："陛下罢竦而用琦、仲淹，士大夫贺于朝，庶民歌于路，至饮酒叫号以为欢。且退一邪，进一贤，岂遂能关天下轻重哉？盖一邪退则其类退，一贤进则其类进。众邪并退，众贤并进，海内有不泰乎！虽然，臣切忧之。天下之势，譬犹病者，陛下既得良医矣，信任不疑，非徒愈病，而又寿民。医虽良术，不得尽用，则病且日深，虽有和、扁，难责效矣。"

保州卒作乱，推懦兵十余辈为首恶，杀之以求招抚。襄曰："天下兵百万，苟无诛杀决行之令，必开骄慢暴乱之源。今州兵戕官吏、闭城门，不能讨，从而招之，岂不为四方笑。乞将兵入城，尽诛之。"诏从其议。以母老，求知福州，改福建转运使，开古五塘溉民田，奏减五代时丁口税之半。复修起居注。唐介击宰相，触盛怒，襄趋进曰：“介诚狂愚，然出于进忠，必望全贷。”既贬春州，又上疏以为此必死之谪，得改英州。温成后追册，请勿立忌，而罢监护园陵官。

进知制诰，三御史论梁适解职，襄不草制。后每除授非当职，辄封还之。帝遇之益厚，赐其母冠帔以示宠，又亲书“君谟”两字，遣使持诏予之。迁龙图阁直学士、知开封府。襄精吏事，谈笑剖决，破奸发隐，吏不能欺。以枢密直学士再知福州。郡士周希孟、陈烈、陈襄、郑穆以行义著，襄备礼招延，海诸生以经学。俗重凶仪，亲亡或秘不举，至破产饭僧，下令禁止之。徙知泉州，距州二十里万安渡，绝海而济，往来畏其险。襄立石为梁，其长三百六十丈，种蛎于础以为固，至今赖焉。又植松七百里以庇道路，闽人刻碑纪德。

召为翰林学士、三司使，较天下盈虚出入，量力以制用。划剔蠹敝，簿书纪纲，纤悉皆可法。英宗不豫，皇太后听政，为辅臣言：“先帝既立皇子，宦妾更加荧惑，而近臣知名者亦然，几败大事，近已焚其章矣。”已而外人遂云襄有论议，帝闻而疑之。会襄数谒告，因命择人代襄。襄乞为杭州，拜端明殿学士以往。治平三年，丁母忧。明年卒，年五十六。赠吏部侍郎。

襄工于书，为当时第一，仁宗尤爱之，制《元舅陇西王碑》文命书之。及令书《温成后父碑》，则曰："此待诏职耳。"不奉诏。于朋友尚信义，闻其丧，则不御酒肉，为位而哭。尝饮会灵东园，坐客误射矢伤人，遽指襄。他日帝问之，再拜愧谢，终不自辨。

蔡京与同郡而晚出，欲附名阀，自谓为族弟。政和初，襄孙佃廷试唱名，居举首，京侍殿上，以族孙引嫌，降为第二，佃终身恨之。乾道中，赐襄谥曰忠惠。

（《宋史》卷三百二十·列传第七十九）

附录三　端明殿学士蔡公墓志铭

欧阳修

公讳襄，字君谟，兴化军仙游人也。天圣八年，举进士甲科，为漳州军事判官、西京留守推官，改著作佐郎、馆阁校勘。庆历三年，以秘书丞、集贤校理知谏院，兼修起居注。是时天下无事，士大夫弛于久安，一旦元昊叛，师久无功。

天子慨然厌兵，思正百度以修太平，既已排群议，进退二三大臣，又诏增置谏官四员，使拾遗补阙，所以遇之甚宠。公以材名在选中，遇事感激，无所回避，权幸畏敛，不敢挠法干政，而上得益与大臣图议。明年，屡下诏书，劝农桑，兴学校，革弊修废，而天下悚然，知上之求治矣。于此之时，言事之臣无日不进见，而公之补益为尤多。

四年，以右正言直史馆。出知福州，以便亲，遂为福建路转运使。复古五塘以溉田，民以为利，为公立生祠于塘侧。又奏减闽人五代时丁口税之半。

丁父忧，服除，判三司盐铁勾院，复修起居注。今参知政事唐公介，时为御史，以直言忤旨，贬春州别驾。廷臣无敢言者，公独论其忠，人皆危之，而上悟意解，唐公得改英州，遂复召用。

皇祐四年，迁起居舍人、知制诰，兼判流内铨。御史吕景初、吴中复、马遵坐论梁丞相适罢台职，除他官，公封还辞头，不草制。其后屡有除授非当者，必皆封还之，而上遇公益厚，曰："有子如此，其母之贤可知。"命特赐冠帔以宠之。至和元年，迁龙图阁直学士、知开封府。

三年，以枢密直学士知泉州，徙知福州。未几，复知泉州。公为政精明，而世闽人，知其风俗。至则礼其士之贤者，以劝学兴善，而变民之故，除其甚害。往时闽人多好学，而专用赋以应科举，公得先生周希孟，以经术传授，学者常至数百人，公为亲至学舍执经讲问，为诸生率。延见处士陈烈，尊以师礼，而陈襄、郑穆方以德行著称乡里，公皆折节下之。闽俗重凶事，其奉浮图，会宾客，以尽力丰侈为孝，否则深自愧恨，为乡里羞。而奸民、游手、无赖子，幸而贪饮食，利钱财，来者无限极，往往至数百千人。至有亲亡，秘不举哭，必破产办具而后敢发丧者。有力者乘其急时，贱买其田宅，而贫者立券举债，终身困不能偿。公曰："弊有大于此邪！"即下令禁止。至于巫觋主病蛊毒杀人之类，皆痛断绝之，然后择民之聪明者教以医药，使治疾病。其子弟有不率教令者，条其事，作五戒以教谕之。久之，闽人大便。公既去，闽人相率诣州，请为公立德政碑，吏以法不许谢，即退而以公善政私刻于石，曰："俾我民不忘公之德。"

嘉祐五年，召拜翰林学士、权三司使。三司、开封，世称省、府，为难治而易以毁誉，居者不由以迁则由以败，而败者十常四五。公居之，皆有能名。其治京师，谈笑无留事，尤喜破奸隐，吏不能欺。至商财利，则较天下盈虚出入，量力以制用，必使下完而上给。下暨百司因习蠹弊，切磨划剔，久之，簿书纤悉纪纲条目皆可法。七年季秋，大享明堂，后数月，仁宗崩，英宗即位，数大尝赍，及作永昭陵，皆猝办于县官经费外。公应烦，愈闲暇若有余，而人不知劳。

遂拜三司使，居二岁，以母老，求知杭州，即拜端明殿学士以往。三年，徙南京留守，未行，丁母夫人忧。明年八月某日，以疾卒于家，享年五十有六。

蔡氏之谱，自晋从事中郎克以来，世有显闻，其后中衰，隐德不仕。公年十八，以农家子举进士，为开封第一，名动京师。后官于闽，典方州，领使一路，二亲尚皆无恙。闽人瞻望咨嗟，不荣公之贵，而荣其父母。母夫人尤有寿，年九十余，饮食起居康强如少者。岁时为寿，母子鬓发皆皤然，而命服金紫，煌煌如也。至今闽人之为子者，必以夫人祝其亲；为父母者，必以公教其子也。

公于朋友重信义，闻其丧则不御酒肉，为位以哭，尽哀乃止。尝会饮会灵东园，坐客有射矢误伤人者，客遽指为公矢，京师喧然。事既闻，上以问公，公即再拜愧谢，终不自辩，退亦未尝以语人。

公为文章，清遒粹美，有文集若干卷。工于书画，颇自惜，不妄为人书，故其残章断稿，人悉珍藏。而仁宗尤爱称之，御制《元舅陇西王碑》文，诏公书之。其后，命学士撰《温成皇后碑》文，又敕公书，则辞不肯书，曰："此待诏职也。"

公累官至礼部侍郎，既卒，翰林学士王珪等十余人列言公贤，其亡可惜。天子新即位，未及识公，而闻其名久也，为之恻然，特赠吏部侍郎，官其子旻为秘书省正字，孙传及弟之子均皆守将作监主簿，而优以赙恤。以旻尚幼，命守吏助给其丧事。曾祖讳显皇，不仕。祖讳恭，赠工部员外郎。父讳琇，赠刑部侍郎。

母夫人卢氏，长安郡太君。夫人葛氏，永嘉郡君。子男三人：曰匀，将作监主簿；曰旬，大理评事，皆先公卒。

幼子，旻也。女三人，一适著作佐郎谢仲规，二尚幼。以某年某月某日，葬公于莆田县某乡将军山。铭曰：

谁谓闽远,而多奇产。产非物宝,惟士之贤。嶷嶷蔡公,其人杰然。奋躬当朝，谠言正色。出入左右，弥缝补益。间归于闽，有政在人。食不畏蛊，丧不忧贫。疾者有医，学者有师。问谁使然，孰不公思？有高其坟，有拱其木。凡闽之人，过者必肃。

附录四　蔡襄《茶录》百川学海本

《百川学海》是宋度宗咸淳九年（1273）左圭辑刊的丛书，是中国刻印最早的丛书。书名取于汉代学者扬雄《扬子法言》：“百川学海而至于海”。

《百川学海》的编成付梓，标志着中国历史上第一部大型综合性丛书的诞生，标志着中国丛书编辑体例的成熟，同时也开启了中国大型综合性丛书汇刻的先河，对我国丛书的发展繁荣产生了直接的推动作用和深远的影响。特别是到了明代，不仅出现了众多《百川学海》的翻刻本，而且出现了多种续《百川学海》、仿《百川学海》的大型综合性丛书。

《百川学海》民国影印本收录了北宋蔡襄的《茶录》。

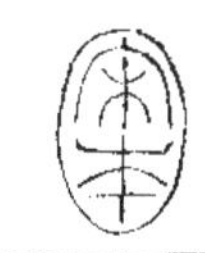

茶録并序

朝奉郎右正言同修起居注臣蔡襄上進

臣前因奏事伏蒙　陛下諭臣先任福建轉運使日所進上品龍茶最爲精好臣退念艸木之微首辱陛下知鑒若處之得地則能盡其材昔陸羽茶經不第建安之品丁謂茶圖獨論採造之本至於烹試曾未有聞臣輒條數事簡而易明勒成二篇名曰茶録伏惟　清閒之宴或賜觀采臣不勝惶懼榮幸之至謹序

上篇論茶

色

茶色貴白而餅茶多以珍膏油去聲其面故有青黃

紫黑之異，善别茶者正如相工之眎人氣色也，隱然察之於内，以肉理潤者爲上，既已末之，黄白者受水昏重，青白者受水鮮明，故建安人鬭試以青白勝黄白。

香

茶有眞香，而入貢者微以龍腦和膏，欲助其香。建安民間試茶皆不入香，恐奪其眞。若烹點之際，又雜珍果香艸，其奪益甚，正當不用。

味

茶味主於甘滑，惟北苑鳳凰山連屬諸焙所産者味佳。隔溪諸山，雖及時加意製作，色味皆重，莫能及也。又有水泉不甘能損茶味，前世之論水品者以此。

藏茶

茶宜蒻葉而畏香藥喜温燥而忌濕冷故收藏之家以蒻葉封裹入焙中兩三日一次用火常如人體温温則禦濕潤若火多則茶焦不可食

炙茶

茶或經年則香色味皆陳於净器中以沸湯漬之刮去膏油一兩重乃止以鈐箝之微火炙乾然後碎碾若當年新茶則不用此說

碾茶

碾茶先以净紙密裹搥碎然後熟碾其大要旋碾則色白或經宿則色已昏矣

羅茶

羅細則茶浮麄則水浮

候湯

候湯最難未熟則沫浮過熟則茶沉前世謂之蟹眼者過熟湯也沉瓶中煑之不可辯故曰候湯最難

熁盞

凡欲點茶先須熁盞令熱冷則茶不浮

點茶

茶少湯多則雲脚散湯少茶多則粥面聚建人謂之雲脚粥面鈔茶一錢匕先注湯調令極匀又添注入環迴擊拂湯上盞可四分則止眡其面色鮮白著盞無水痕爲絕佳建安鬬試以水痕先者爲負耐久者爲勝故較勝負之說曰相去一水兩水

下篇論茶器

茶焙

茶焙編竹爲之裹以蒻葉蓋其上以收火也隔其中以有容也納火其下去茶尺許常溫溫然所以養茶色香味也

茶籠

茶不入焙者宜密封裹以蒻籠盛之置高處不近濕氣

砧椎

砧椎蓋以砧茶砧以木爲之椎或金或鐵取於便用

茶鈐

茶鈐屈金鐵爲之用以炙茶

茶碾

茶碾以銀或鐵爲之黄金性柔銅及𥑮石皆能生鉎音星不入用

茶羅

茶羅以絕細爲佳羅底用蜀東川鵝溪畫絹之密者投湯中揉洗以冪之

茶盞

茶色白宜黑盞建安所造者紺黑紋如兎毫其坯微厚熁之久熱難冷最爲要用出他處者或薄或色紫皆不及也其青白盞鬭試家自不用

茶匙

茶匙要重擊拂有力黄金爲上人間以銀鐵爲之竹

者輕建茶不取

湯瓶

瓶要小者易候湯又點茶注湯有準黄金爲上人間以銀鐵或瓷石爲之

後序

臣皇祐中脩　起居注奏事

仁宗皇帝屢承

天問以建安貢茶并所以試茶之狀臣謂論茶雖禁中語無事於密造茶録二篇上進後知福州爲掌書記竊去藏槀不復能記知懷安縣樊紀購得之遂以刊勒行於好事者然多舛謬臣追念

先帝顧遇之恩攬本流涕輒加正定書之於石以永

其傳治平元年五月二十六日三司使給事中臣蔡襄謹記

附录五　蔡襄《茶录》四库全书本

《四库全书》全称《钦定四库全书》，是清乾隆时期编修的大型丛书。分经、史、子、集四部，故名“四库”；基本囊括中国古代所有图书，故称“全书”。《四库全书》编撰结束后共抄录七部，分别贮藏于文渊阁、文源阁、文溯阁、文津阁、文汇阁、文宗阁、文澜阁。

《四库全书》修成迄今已二百余年，因屡经战火，七部当中，文源阁本、文宗阁本和文汇阁本皆已荡然无存，文澜阁本大量散佚，后经补抄才基本配全。文津阁本、文渊阁本和文溯阁本则保存完整，传世至今。在现存比较完整的《四库全书》版本中，以文津阁本最为完善，其中一些文献资料更是海内孤本。

文津阁《四库全书》收录了北宋蔡襄的《茶录》。

欽定四庫全書

茶録

宋　蔡襄　撰

臣前因奏事伏蒙陛下諭臣先任福建轉運使日所進上品龍茶最為精好臣退念草木之微首辱陛下知鑒若處之得地則能盡其材昔陸羽茶經不第建安之品丁謂茶圖獨論採造之本至於烹試曾未有聞臣輒條數事簡而易明勒成二篇名曰茶録伏惟

清閒之宴或賜觀采臣不勝惶懼榮幸之至謹序

上篇論茶

色

茶色貴白而餅茶多以珍膏油去聲其面故有青黃紫黑之異善别茶者正如相工之眎人氣色也隱然察之於内以肉理潤者為上顏色次之黃白者受水昏重青白者受水詳明故建安人鬭試以青白勝黃白

香

茶有真香而入貢者微以龍腦和膏欲助其香建安民間試茶皆不入香恐奪其真若烹點之際又雜珍果香草其奪益甚正當不用

味

茶味主於甘滑惟北苑鳳皇山連屬諸焙所產者味佳隔溪諸山雖及時加意製作色味皆重莫能及也又有水泉不甘能損茶味前世之論水品者以此

藏茶

茶宜蒻葉而畏香藥喜溫燥而忌濕冷故收藏之家以蒻葉封裹入焙中兩三日一次用火常如人體溫溫則禦濕潤若火多則茶焦不可食

炙茶

茶或經年則香色味皆陳於淨器中以沸湯漬之刮去膏油一兩重乃止以鈐箝之微火炙乾然後碎碾若當年新茶則不用此說

碾茶

碾茶先以淨紙密裹搥碎然後熟碾其大要旋碾則色白或經宿則色已昏矣

羅茶

羅細則茶浮麤則水浮

候湯

候湯最難未熟則沫浮過熟則茶沈前世謂之蟹眼者過熟湯也沈瓶中煮之不可辯故曰候湯最難

熁盞

凡欲點茶先須熁盞令熱冷則茶不浮

點茶

茶少湯多則雲脚散湯少茶多則粥面聚建人謂之雲脚粥面鈔茶一錢匕先注湯調令極勻又添注入環迴擊拂湯上盞可四分則止眎其面色鮮白著盞無水痕為絶佳建安鬬試以水痕先者為負耐久者為勝故較勝負之說曰相去一水兩水

下篇論茶器

茶焙

茶焙編竹為之裹以蒻葉蓋其上以收火也隔其中以有容也納火其下去茶尺許常温温然所以養茶色香味也

茶籠

茶不入焙者宜密封裹以蒻籠盛之置高處不近濕氣

砧椎

砧椎蓋以砧茶砧以木為之椎或金或鐵取於便用

茶鈐

茶鈐屈金鐵為之用以炙茶

茶碾

茶碾以銀或鐵為之黃金性柔銅及碖石皆能生鉎（音星）不入用

茶羅

茶羅以絕細為佳羅底用蜀東川鵝溪畫絹之密者投湯中揉洗以冪之

茶盞

茶色白宜黑盞建安所造者紺黑紋如兔毫其杯微厚熁之久熱難冷最為要用出他處者或薄或色紫皆不及也其青白盞鬭試家自不用

茶匙

茶匙要重擊拂有力黃金為上人間以銀鐵為之竹者輕建茶不取

湯瓶

瓶要小者易候湯又點茶注湯有准黄金為上人間以銀鐵或瓷石為之

臣皇祐中脩起居注奏事仁宗皇帝屢承天問以建安貢茶并所以試茶之狀臣謂論茶雖禁中語無事於密造茶録二篇上進後知福州為掌書記竊去藏藁不復能記知懷安縣樊紀購得之遂以刋勒行於好事者然多舛謬臣追念先帝顧遇之恩攬本流涕輒加正定書之於石以永其傳治平元年五月二十

六日三司使給事中臣蔡襄謹記

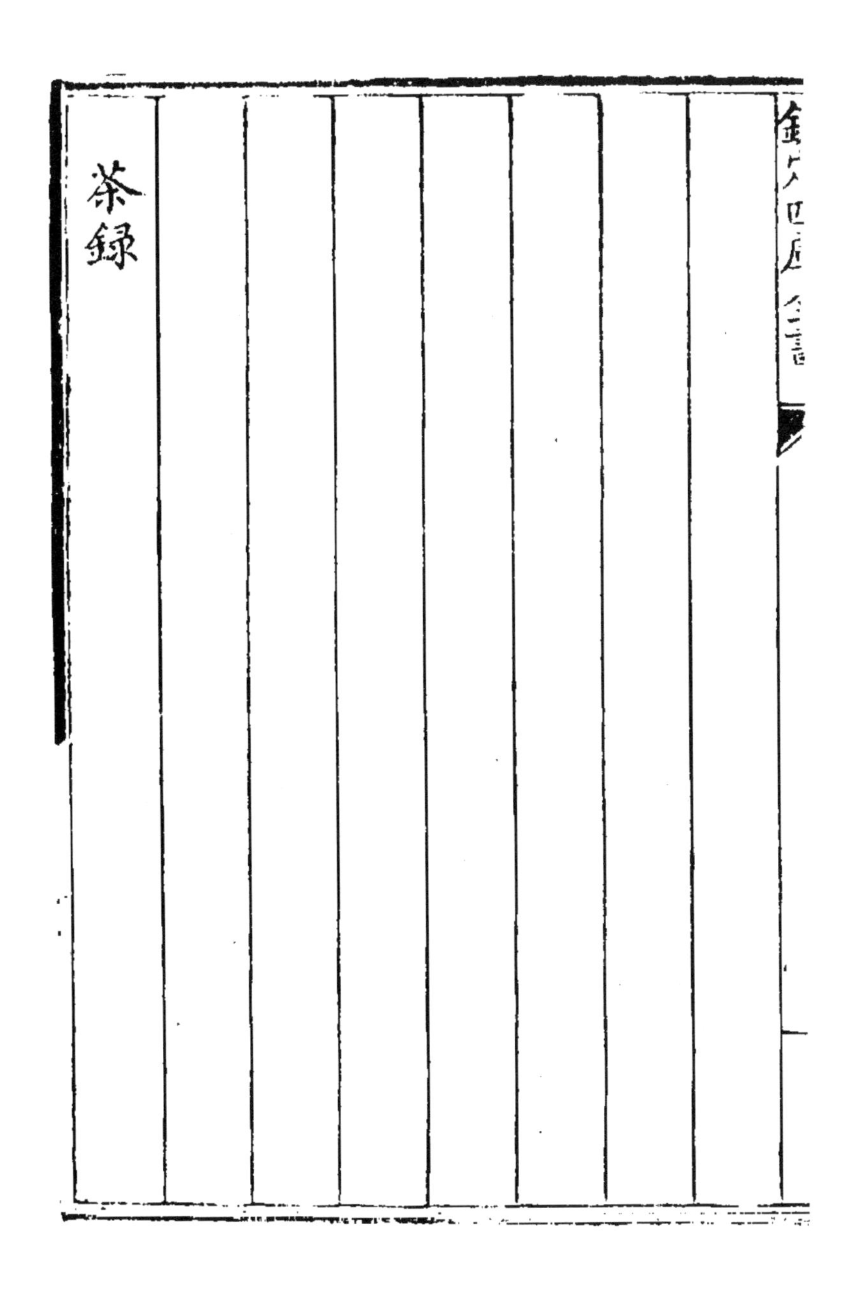

茶録
欽定四庫全書

参考文献

1. 蔡镇楚、刘峰，《中华茶美学》，世界图书出版公司，2022 年版

2. 陈彬藩、余悦等编，《中国茶文化经典》，光明日报出版社，1999 年版

3. 陈宗懋主编，《中国茶经》，上海文化出版社，1992 年版

4. 陆松侯、施兆鹏主编，《茶叶审评与检验》，中国农业出版社，2010 年版

5. 中国茶叶总公司编，《中华茶叶五千年》，人民出版社，2001 年版

6. 陈彬藩，《茶经新篇》，香港镜报文化企业有限公司，2009 年版

7. 徐海荣主编，《中国茶事大典》，华夏出版社，2000 年版

8. 陈宗懋主编，《中国茶叶大辞典》，中国轻工业出版社，2001 年版

9. 黄仲先主编,《中国古代茶文化研究》,科学出版社，2010 年版

10. 陈香白，《中国茶文化》，山西人民出版社，1998 年版

11. 林治，《中国茶道》，世界图书出版公司，2000 年版

12. 刘枫，《茶为国饮》，浙江古籍出版社，2005 年版

13. 蔡镇楚、施兆鹏，《中国名家茶诗》，中国农业出版社，2003 年版

14. 蔡镇楚，《中国品茶诗话》，湖南师大出版社，2004 年版

15. 蔡镇楚、曹文成、陈晓阳，《茶祖神农》，中南大学出版社，2007 年版

16. 王河、虞文霞，《中国散佚茶书辑考》，世界图书出版公司，2015 年版

17. 蔡镇楚，《茶美学》，福建人民出版社，2014 年版

18. 蔡镇楚，《茶禅论》，常德师院学报，2003年

19. 蔡镇楚，《世界茶王》，光明日报出版社，2018 年版

20.（美）梅维恒，《茶的真实历史》，北京三联书店，2018 年版

21.（唐）陆羽著，刘峰译注，楼宇烈主编，《茶经》（羊皮卷珍藏版），中国经济出版社，2022 年版

后　记

未来可期

古往今来，从茶马古道到“一带一路”，茶始终是和平的使者。一杯中国佳茗，承载着包容、开放、传承、创新的时代精神，成为与世界链接的纽带，使古老的东方文明释放出强大张力。在与世界的交流互鉴中充分展示了中华民族深厚的人文底蕴，也彰显了茶作为中国传统文化有机载体的独特魅力。

中国茶文化，兴于唐而盛于宋，尤其在北宋时期达到巅峰，福建茶的蓬勃发展，为中国茶文化增添了丰富多彩的内容，唐代陆羽著《茶经》开启了中国茶文化发展的全新时代，而蔡襄《茶录》的问世则弥补了《茶经》

中关于建茶内容方面的不足，为中国茶文化发展史翻开了新的篇章。兴化是蔡襄的故里，是当时著名的茶叶之乡，又称“莆阳”（今福建莆田），是妈祖文化的发祥地、“海上丝绸之路”的重要节点。南朝陈光大二年（568）初置莆田县，至今已有一千五百余年的建制史，以其特殊的地理位置和历史际遇成就了独特的文化个性，历史底蕴深厚，素有“文献名邦”“海滨邹鲁”之美誉。

蔡襄作为宋代著名的政治家、文学家、书法家，也是杰出的茶学名家。他为官清正，以民为本，注意发展当地经济，为福建茶业及茶文化的发展做出了卓越贡献。在中国乃至世界茶文化发展史上有着举足轻重的地位，向世人展示了宋代茶饮的美学境界。

中国茶文化源远流长，是世界文明一道靓丽的风景线。2019 年 12 月，联合国大会宣布将每年 5 月 21 日确定为“国际茶日”，以肯定茶叶的经济、社会和文化价值，促进全球农业的可持续发展。2020 年 5 月 21 日，在首个“国际茶日”来临之际，习近平总书记向“国际茶日”活动致信表示热烈祝贺，他指出，联合国设立“国际茶日”，体现了国际社会对茶叶价值的认可，此举对振兴茶产业、弘扬茶文化具有积极意义。

蔡襄《茶录》为宋代茶文化的繁荣发展做出了突出贡献，通过《茶录》对宋代茶文化展开细致而宏伟的探讨，传承经典，引领潮流。此次蔡襄《茶录》的译注意义重大，本书兼顾域外，内涵丰富，为当代茶文化研究扛鼎之作，必将为爱茶之人开启一扇与茶相识相知的方便法门。

2021年3月，习近平总书记来闽考察调研，强调要推动中华优秀传统文化创造性转化、创新性发展，以时代精神激活中华优秀传统文化的生命力，嘱托要统筹做好茶文化、茶产业、茶科技这篇大文章。为深入贯彻习近平总书记来闽重要讲话精神，致敬历史文化名城、献礼莆田建市四十周年，我会特邀著名茶文化研究学者、中国外文局文化传播中心特聘研究员、中国国际茶文化交流中心首席专家刘峰博士，为蔡襄《茶录》一书进行译注。我们相信，《茶录》译注的出版发行必将推进蔡襄文化的研究，推动优秀传统文化的传承和弘扬，促进莆田乃至福建的茶文化、茶产业的蓬勃发展！

在本书的译注过程中，得到了政协莆田市委员会、政协莆田市城厢区委员会、莆田市蔡襄学术研究会各界同仁的大力支持。在此，向所有关心、支持本书出版的朋友们表示衷心的感谢！

癸卯深秋

莆田市蔡襄学术研究会会长蔡开森

作者简介

刘峰，著名茶文化研究学者、研究员，北京师范大学哲学博士、茶学博士后，国家高级评茶师、茶文化学科带头人、中国国际茶文化交流中心首席专家，世博会“中华茶文化全球推广大使”，中国民协成员、中国匠人大学特别理事，“中国茶美学与茶科技匠星论坛”创建者、发起人。

现任中国国家外文局文化传播中心特聘研究员，蔡襄茶文化研究院首席专家，香港新世界集团 K11Craft & Guild Foundation 文化艺术顾问，法国爱马仕（HERMES 品牌）茶文化导师，“中国美学茶席设计大赛”专家评委，西班牙巴塞罗那自治大学“茶美学与艺术研究”硕士主任、教授，武夷山市人民政府茶文化顾问。曾任人民大学茶哲所学术委员会委员，人民大学文化产业研究院“中国茶美学与茶科技发展中心”执行主任，国金茶文化传承发展研究院院长，国际公益学院“国际非遗传承研究中心”主任，清华大学社会科学学院课题专家组成员。

2020 年，入选中宣部“学习强国”平台文化专栏，受邀担任华为“全球精英人物”节目 Digix—Talk 演讲嘉宾，荣登共青团中央、全国青联主办国家级人物期刊《中华儿女》703 期（封面人物）；2022 年，受原央视著名主持人、中国匠人大学赵普校长之邀，倡导发起首届“中国茶美学与茶科技匠星论坛”，担任论坛组委会秘书长。2023 年，受光明世界阅读行动组委会之邀，参与首届光明世界领读者大会，受聘“光明智库专家”。

2023 年 10 月，受中央广播电视总台与文化和旅游部邀请，参与大型国际文化交流节目《美美与共》录制拍摄，担任 CCTV-1“一带一路”访谈嘉宾。

长期致力于传统文化的国际传播和茶道美学的全球推广，倡导及时而优雅的行善，先后在中国人民大学、清华大学、北京师范大学、长江商学院、华东师范大学、上海交通大学等全国著名学府举办数十场“中华茶道美学”全国巡回公益讲座，积极投身中国“公益正能量·茶文化传播平台”的建构，是中华茶道公益美学与现代雅生活方式的倡导者与践行者。

代表著作

1.（唐）陆羽著，刘峰译注，《茶经》（宣纸八开线装典藏版），中国经济出版社，2022 年版

2.（唐）陆羽著，刘峰译注，楼宇烈主编，《茶经》（羊皮卷珍藏版），中国茶文化泰斗蔡镇楚教授推荐作序，入选《中华优秀传统文化经典丛书》

3. 蔡镇楚、刘峰著，《中华茶美学》，世界图书出版公司，2022 年版（入选 2022 年度中国“最值得读者阅读的十大好书榜单”）